高等院校计算机类课程"十二五"规划教材

Visual FoxPro 上机实验指导

（含应用设计实例、习题和等级考试真题及其参考答案）

主　编　扶　晓　谭晓玲

副主编　陈柳巍　杨永志　王　悦

参　编　张新彩　冯晶莹　邢　容

　　　　张红军

U0322864

合肥工业大学出版社

内容简介

本书为 Visual FoxPro 程序设计课程的上机实验教材,主要内容包括具体的实验指导、应用程序设计实例、训练题和全国计算机等级考试二级笔试真题及其参考答案等。

本书可以作为高等院校计算机专业以及相关专业的 Visual FoxPro 程序设计课程的上机实验教材,也可作为参加 Visual FoxPro 全国计算机等级考试人员的参考用书。

图书在版编目(CIP)数据

Visual FoxPro 上机实验指导/扶晓,谭晓玲主编 . —合肥:合肥工业大学出版社,2012.5
ISBN 978 - 7 - 5650 - 0732 - 3

Ⅰ.①V⋯ Ⅱ.①扶⋯②谭⋯ Ⅲ.①关系数据库—数据库管理系统—程序设计
Ⅳ.①TP311.138

中国版本图书馆 CIP 数据核字(2012)第 102400 号

Visual FoxPro 上机实验指导

扶 晓 谭晓玲 主编		责任编辑 汤礼广 武理静	
出 版	合肥工业大学出版社	版 次	2012 年 5 月第 1 版
地 址	合肥市屯溪路 193 号	印 次	2012 年 6 月第 1 次印刷
邮 编	230009	开 本	787 毫米×1092 毫米 1/16
电 话	总编室:0551—2903038	印 张	16.25
	发行部:0551—2903198	字 数	316 千字
网 址	www. hfutpress. com. cn	印 刷	合肥学苑印务有限公司
E-mail	hfutpress@163.com	发 行	全国新华书店

ISBN 978 - 7 - 5650 - 0732 - 3 定价: 32.00 元

如果有影响阅读的印装质量问题,请与出版社发行部联系调换。

前言

　　Visual FoxPro 是由 Microsoft 公司推出经典的小型数据库管理系统,它集程序开发环境与数据库管理于一身,具有功能强大、操作方便、简单实用和用户界面友好等特性,是高校计算机专业基础课中首选的程序语言类课程之一,也是全国计算机等级考试二级考试的主要考试科目之一。为帮助读者学好 Visual FoxPro 语言,熟练运用 Visual FoxPro 语言编程,并与《Visual FoxPro 程序设计》教材配套学习,我们特组织长期在教学一线从事本课程和相关专业课程教学的教师编写了本书。

　　本书在内容组织上紧扣高等院校 Visual FoxPro 程序设计课程的教学大纲,同时参考全国计算机等级考试二级 Visual FoxPro 考试大纲的有关要求进行编写。全书内容分为五个部分:第一部分为上机实验指导,包括十六个实验,分别介绍了每个实验的实验目的、实验内容和实验步骤;第二部分为应用设计实例,提供了两个综合性设计实例,分别介绍了图书信息管理系统和教职工信息管理系统的需求分析、系统设计和系统实现,可作为初次开发数据库系统人员的学习范例;第三部分为习题及其参考答案,按章节给出了笔试题及其参考答案,并提供了五套上机模拟试题及其参考答案;第四部分为全国计算机等级考试二级 Visual FoxPro 考试近四年的笔试真题及其参考答案;第五部分为附录,总结了常用的文件类型、常用命令和常用函数,方便读者学习该课程时查询使用。

　　本书实验选题典型、实用,可操作性强;系统开发实例具体,通用性强。书中实验及实例开发可帮助读者掌握 Visual FoxPro 程序设计的基本操作和程序设计的思想方法,提高知识的综合运用能力;习题内容丰富,解答翔实,可帮助读者理解和掌握 Visual FoxPro 的基本知识,提高实践能力。本书综合了上机实验、上机模拟试题与历年真题于一体,其内容基本上覆盖了 Visual FoxPro 程序设计教学和全国计算机等级考试二级 Visual FoxPro 考试大纲的所有知识要点。由于本书内容既较为全面又具有相对独立性,因此可与该课程其他版本教材配合使用。

本书由扶晓、谭晓玲任主编,陈柳巍、杨永志任副主编。全书分工如下:扶晓和谭晓玲编写第二部分、第三部分的上机模拟试题及其参考答案、第四部分、第五部分;陈柳巍编写第一部分;杨永志编写第三部分的笔试题及其参考答案。参与编写老师还有王悦、张新彩、冯晶莹、邢容、张红军等。全书由陈锐统稿。

在本书的写作过程中,得到许多同仁的悉心指导和热情帮助,在此对他们表示衷心的感谢!

另外,在本书的编写过程中,我们还参考了大量的文献资料,在此谨向这些文献资料的作者表示深深的谢意。由于作者水平有限,加之时间仓促,书中难免有错误之处,欢迎专家及广大热心的读者批评指正。

在使用本书的过程中,若需本书的例题代码,请从 http://blog.csdn.net/crcr 或 http://www.hfutpress.com.cn 下载,或通过电子邮件 nwuchenrui@126.com 进行联系。

作 者

目 录

第一部分 上机实验指导

第二部分 应用设计实例

第三部分　习题及其参考答案

第四部分　全国计算机等级考试二级 Visual FoxPro 笔试真题及其参考答案

第五部分　附录

第一部分
上机实验指导

实验一　Visual FoxPro 系统环境与基本运算

实验题目

熟悉 Visual FoxPro 6.0 系统环境和使用 Visual FoxPro 6.0 进行基本运算。

实验目的

（1）掌握安装 Visual FoxPro 6.0 的安装方法。
（2）熟悉 Visual FoxPro 6.0 的窗口界面、菜单项的基本用途。
（3）掌握 Visual FoxPro 6.0 的各种操作方式。
（4）理解 Visual FoxPro 6.0 的基本数据类型。
（5）掌握 Visual FoxPro 6.0 的基本运算方法。

实验内容

（1）安装 Visual FoxPro 6.0。
（2）启动、退出 Visual FoxPro 6.0。
（3）熟悉窗口界面和菜单的使用方法。
（4）设置 Visual FoxPro 6.0 的系统默认目录。
（5）计算下列表达式的值：

① $\sin \dfrac{\pi}{2} + \cos \dfrac{\pi}{3}$；

② $\sqrt{3} + \dfrac{1}{2} + \dfrac{2}{3}$；

③ 计算新世纪开始到今天一共多少小时了；

④ 设圆柱形水桶底面半径为 10，高为 20，求容积。

实验步骤

（1）将安装光盘放入光驱，双击"Setup. exe"文件图标，安装 Visual FoxPro 6.0。
（2）双击桌面上的 Visual FoxPro 6.0 快捷方式图标，或者运行"开始"/"程序"/"Visual FoxPro 6.0"启动 Visual FoxPro 6.0，进入程序主界面。
　　单击标题栏右上角的"关闭"按钮，或者"文件"菜单中的"退出"命令就可以退出程序了。
（3）Visual FoxPro 6.0 开发环境的主窗口如图 1-1-1 所示。

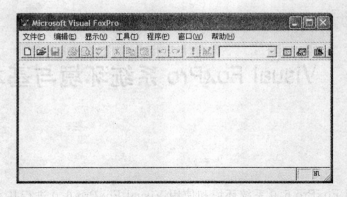

图 1 - 1 - 1　Visual FoxPro 6.0 用户界面

　　单击"窗口"菜单中的"命令窗口",或者单击工具栏上的"命令窗口"按钮,打开命令窗口,如图 1 - 1 - 2 所示。在 Visual FoxPro 6.0 中,在命令窗口中输入命令,再按"Enter"键即可执行。

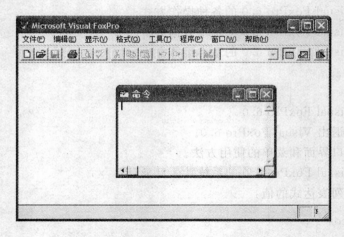

图 1 - 1 - 2　打开命令窗口

　　(4)设置默认目录的方法。

　　在"我的电脑"的 D 盘或其他盘下新建一文件夹,如"张三",并设置"D:\张三"为默认目录。

　　① 单击"工具"菜单的"选项"命令,打开"选项"对话框,如图 1 - 1 - 3、图 1 - 1 - 4 所示。

　　② 选择"默认目录",单击"修改"按钮,打开"更改文件位置"对话框,如图 1 - 1 - 5 所示。

　　③ 在定位默认目录下的文本框中输入"D:\张三",或者单击文本框后面的"……"按钮,找到指定的文件夹后,单击"确定"按钮,如图 1 - 1 - 6 所示。返回"选项"对话框。

图 1-1-3 工具菜单的格式选项

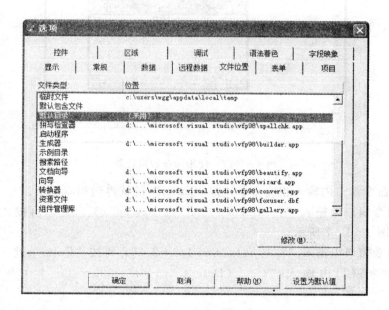

图 1-1-4 选项对话框

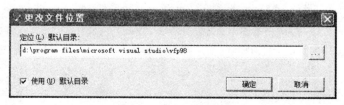

图 1-1-5 "更改文件位置"对话框

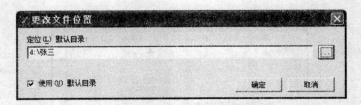

图 1 - 1 - 6　更改文件位置后对话框

④ 如果在"选项"对话框中单击"确定"按钮，则临时设置此目录为默认目录，建议在公共实验室中选择此方法，每次上机之前都再设置一遍；如果单击"设置为默认值"则永久设置，建议在自己的电脑上使用这个选项。

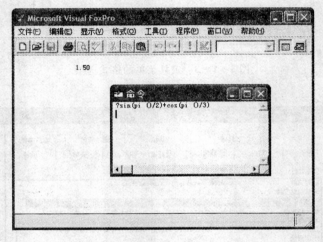

图 1 - 1 - 7　使用命令窗口计算

（5）在命令窗口内输入相应命令，按"Enter"键就得到相应结果。

① 在命令窗口内输入"? sin（pi（）/2）＋cos（pi（）/3）"，再按"Enter"键，得到结果如图 1 - 1 - 7 所示。

② 在命令窗口内输入"? 3^（1/2）＋1/2＋2/3"，再按"Enter"键。

③ 在命令窗口内输入"?　（Date（）－ {^ 2000－1－1}）＊24"，再按"Enter"键。

④ 在命令窗口内输入"r＝10"，按"Enter"键；输入"h＝20"，按"Enter"键；输入"? pi（）＊r^2＊h"，按"Enter"键。

实验二　变量、函数与表达式

实验题目

熟悉 Visual FoxPro 6.0 系统环境和使用 Visual FoxPro 6.0 进行基本运算。

实验目的

（1）掌握变量的使用方法。

（2）了解函数的分类，学会使用函数解决问题。

（3）掌握各种表达式的构造方法。

实验内容

（1）用给变量赋值的方法为变量赋值。

（2）各类函数的应用。

（3）根据要求构造表达式。

实验步骤

（1）分别用两种给变量赋值的方法为变量赋值

① 使用等号赋值命令为变量赋值

在命令窗口中依次执行以下命令，观察主窗口中的结果，并分析结果。

```
a = 10
? a
? A
b = 20
a = a * 5 + b
? a
c = "北京欢迎你"
? c
d = {^1981 - 01 - 10}
? d
```

② 使用 STORE 命令给变量赋值

在命令窗口中依次执行以下命令，观察主窗口中的结果，分析 STORE 命令与等号的不同之处。

```
STORE 25 To a，b，c
```

```
? a,b,c
STORE a * 5 + 6 To b, c
? b,c
STORE "上海" To a,b,c
? a,b,c
STORE . T. To a,b
? a,b
STORE {^2012 - 01 - 10} To a,b
? a,b
```

（2）常用函数的使用

① 数值函数的使用

在命令窗口中依次执行以下命令，观察主窗口中的运行结果。

```
? ABS( - 5)
? ABS( + 5)
? SIGN( + 5)
? SIGN( - 5)
? INT( - 3. 3)
? INT(3. 3)
? SQRT(4)
? SQRT(9)
? PI( )
? MAX(10,20,30,35,28,78)
? MIN(10,20,30,35,28,78)
? MAX("A","B")
? "随机数:",RAND( )
```

② 字符处理函数的使用

在命令窗口中依次执行以下命令，观察主窗口中的运行结果。

```
? LEN("abcdefg")
? LEN("abc")
? LEN("北京")
? LEN("")
A = "abcdefg"
? LEFT(A,4)
? RIGHT(A,4)
? SUBSTR(A,4)
? SUBSTR(A,4,2)
? AT( "c",A)
? AT( "b",A)
? STUFF(A,2,2, "123")
? STUFF(A,2,0, "123")
```

```
? STUFF(A,3,2,"123")

? STUFF(A,2,2,"")
```

③ 日期和时间函数的使用

在命令窗口中依次执行以下命令，观察主窗口中的运行结果。

```
? DATE()

? TIME()

? DATEYIME()

? YEAR({^2012-01-10})

? MONTH({^2012-01-10})

? DAY({^2012-01-10})

? CMONTH({^2012-01-10})

? DOW({^2012-01-10})

? CDOW({^2012-01-10})

? HOUR(DATETIME())

? MINUTE(DATETIME())

? SEC(DATETIME())
```

④ 数据类型转换函数的使用

在命令窗口中依次执行以下命令，观察主窗口中的运行结果。

```
? STR(12345.6789,7,1)

? STR(12345.6789,8,2)

? VAL("123.45")

? VAL("123.45")+123

? STR(123.45)+"678"

? CTOD("01-12-12")+10

? DTOC(DATE())
```

⑤ 测试函数的使用

在命令窗口中依次执行以下命令，观察主窗口中的运行结果。

```
a=10

? IIF(a>5,1,2)

? IIF(a<5,1,2)
```

⑥ 宏替换函数的使用

在命令窗口中依次执行以下命令，观察主窗口中的运行结果。

```
a="123"

? a+"100"

? &a+100

b=456

c="b"

? &c
```

（3）表达式的使用

① 数值表达式

用算术运算符将数值型数据连接起来就构成了数值表达式。例如，命令窗口中依次执行以下命令，观察主窗口中的运行结果。

```
? 3^(1/2) + 1/2 + 2/3
r = 10
h = 20
? pi() * r^2 * h
```

② 字符表达式

在命令窗口中依次执行以下命令，观察主窗口中的运行结果。

```
? "abc" + "def"
a = "123"
b = "456"
? a + b
```

③ 日期时间表达式

在命令窗口中依次执行以下命令，观察主窗口中的运行结果。

```
? {^2012 - 01 - 20} - {^2012 - 01 - 10}
```

④ 关系表达式

在命令窗口中依次执行以下命令，观察主窗口中的运行结果。

```
a = 1
b = 2
? a > b
? "a" < "b"
? a = b
```

⑤ 表达式

在命令窗口中依次执行以下命令，观察主窗口中的运行结果。

```
? .T. OR .F.
? .T. AND .F.
? NOT .T.
? NOT .F.
? (3 > 5) OR (4 < 6) and .T.
```

实验三 表的建立与维护

实验题目

数据表的建立和基本操作。

实验目的

(1) 掌握数据表的创建方法。

(2) 掌握数据输入、删除方法。

(3) 掌握数据表的基本操作方法，例如打开、关闭、复制等。

实验内容

根据要求创建数据表，例如，创建学生学籍信息表，表的名称为 student.dbf 根据指定的的结构创建，输入所有的记录，并进行各种操作。

实验步骤

(1) 创建学生学籍信息表

表的内容如表 1-3-1 所示。

表 1-3-1 学生学籍信息表

学 号	姓 名	性别	出生日期	入学成绩	所在院系	是否团员	照 片
010601	赵大国	男	1986-07-25	526	工商管理	否	gen
010612	钱进	男	1986-09-20	541	计算机	是	gen
010221	孙静	女	1985-02-21	512	电子	是	gen
010332	李子豪	男	1987-06-05	499	电子	是	gen
010502	周小玲	女	1986-07-17	504	计算机	否	gen
010408	吴笑晗	女	1985-10-12	523	计算机	是	gen
010718	郑天一	男	1987-11-21	489	工商管理	是	gen
010102	王美云	女	1985-03-15	514	机械	是	gen
010631	韩庆国	男	1986-05-02	531	机械	是	gen
010714	陈梓翰	男	1986-09-16	516	电子	是	gen

学生学籍信息表的字段结构如表 1-3-2 所示。

表 1-3-2 学生学籍信息表的字段结构

字段名	字段类型	字段宽度	小数位数
学号	字符型	6	—
姓名	字符型	8	—
性别	字符型	2	—
出生日期	日期型	8	—
入学成绩	数值型	3	0
所在院系	字符型	10	—
是否团员	逻辑型	1	—
照片	通用型	4	—

操作步骤如下：

① 启动 Visual FoxPro，设置自己的文件夹为默认目录，方法见实验一。在"文件"菜单中选择"新建"命令如图 1-3-1 所示，弹出如图 1-3-2 所示的"新建"对话框。

图 1-3-1 新建命令

图 1-3-2 "新建"对话框

② 在"新建"对话框中文件类别选择"表"，单击"新建文件"按钮，弹出如图 1-3-3 所示"创建"对话框，因为已经设置了默认目录，所以默认的保存位置就是学生自己创建的文件夹。

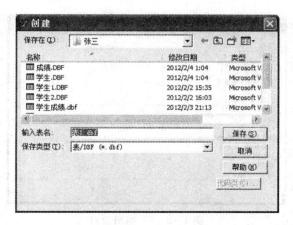

图 1-3-3 "创建"对话框

③ 在"输入表名"文本框中输入"学生信息",然后单击"保存"按钮,弹出"表设计器"对话框。

④ 如图 1-3-4 所示"表设计器"对话框,在此对话框中依次输入每个字段名,选择每个字段的类型、宽度、小数位等信息。

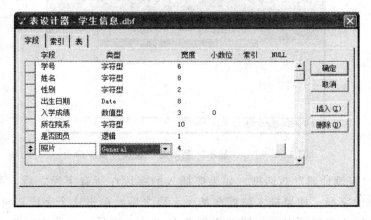

图 1-3-4 "表设计器"对话框

⑤ 输入结束后,单击"确定"按钮,出现确认对话框,如图 1-3-5 所示,单击"是"按钮,出现图 1-3-6 所示"学生信息"编辑窗口。

图 1-3-5 确认对话框

⑥ 向图 1-3-6 所示的编辑窗口中依次输入数据,直到最后一个数据记录输入完毕为止,关闭该编辑窗口。

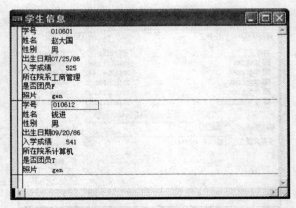

图 1-3-6　编辑窗口

（2）修改字段操作

例如给每条记录增加一个"简历"字段，再将这个字段删除。

操作步骤：

① 单击"显示"菜单的"表设计器"，如图 1-3-7 所示。

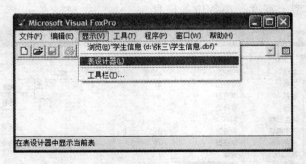

图 1-3-7　"显示"菜单的"表设计器"命令

② 打开"表设计器"对话框，如果要插入的字段在所有字段之后，可以直接在最后位置输入新的字段；如果插入位置在某一字段之后，单击这个字段，再单击"插入"按钮，输入字段内容就可以了。例如我们要在"是否团员"字段之后插入"简历"字段，单击"是否团员"字段，再单击"插入"按钮，如图 1-3-8 所示。

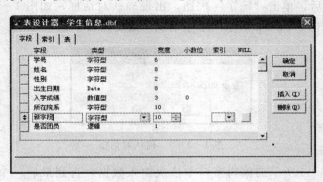

图 1-3-8　插入字段

③ 在出现的新字段位置输入"简历"，类型为"memo"，此时插入"简历"字段成功。如图 1-3-9 所示。

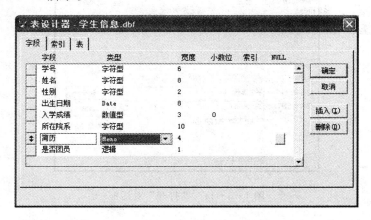

图 1-3-9　插入成功

④ 要删除哪个字段，先单击这个字段，再单击"删除"按钮就可以了。例如，选中"简历"，再单击"删除"按钮。

（3）记录的定位操作

当表内的记录非常多的时候，要显示其中某条记录就不能用鼠标拖动的方式找到该记录，可以使用指针定位的方法来快速定位。

操作步骤如下：

① 首先打开需要定位记录的表，单击"文件"菜单的"打开"命令，如图 1-3-10 所示。

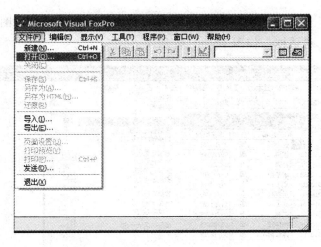

图 1-3-10　"文件"下拉菜单

② 在"打开"对话框中，文件类型下拉列表中选择"表（*.dbf)"，单击选择要打开的表"学生信息"，再单击"确定"按钮，如图 1-3-11 所示，完成打开表"学生信息"。

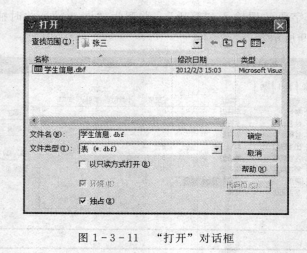

图 1 - 3 - 11   "打开"对话框

③ 单击"显示"菜单的"浏览"命令，如图 1 - 3 - 12 所示，打开表单。

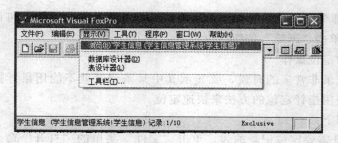

图 1 - 3 - 12   "显示"下拉菜单

④ 执行"表"菜单下的"转到记录"中的"记录号"命令，如图 1 - 3 - 13 所示，打开"转到记录"对话框，如图 1 - 3 - 14 所示。

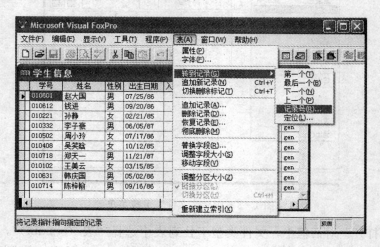

图 1 - 3 - 13   "表"下拉菜单

图 1-3-14　转到记录对话框

　　⑤ 在"转到记录"对话框中的"记录号"组合框输入记录号，例如输入"5"，单击"确定"按钮，此时就转到第五条记录上了，如图 1-3-15 所示。

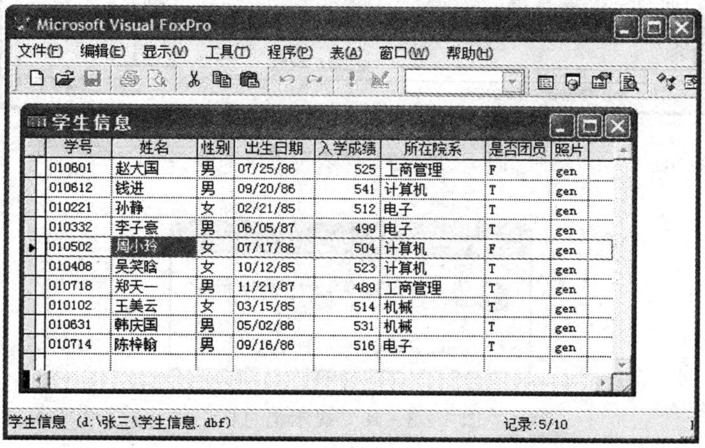

图 1-3-15　"转到记录"结果

（4）删除记录的操作

操作步骤：

　　① 要删除第五条记录，首先在表单中选定它，然后，单击该记录左侧的小方框，这个小方框变黑，这个小方框就是"删除"标记，如图 1-3-16 所示。

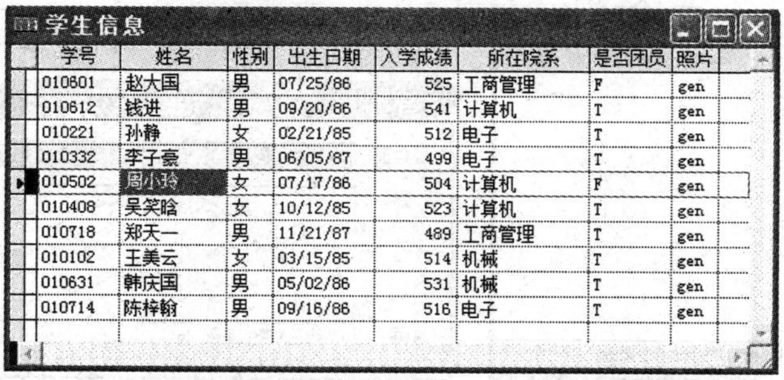

图 1-3-16　"删除"标记

　　② 单击"表"菜单的"彻底删除"命令，如图 1-3-17 所示。

　　③ 在弹出的对话框中选择"是"按钮，将记录彻底删除，如图 1-3-18 所示。

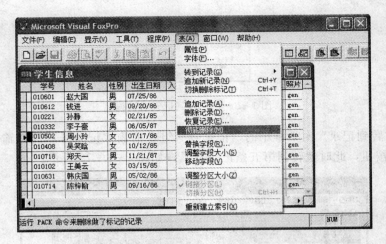

图 1-3-17　"表"下拉菜单

图 1-3-18　提示消息框

（5）将"学生信息"表保存为 Excel 表

操作步骤：

① 单击"文件"下拉菜单的"导出"命令，如图 1-3-19 所示，弹出图 1-3-20 对话框。

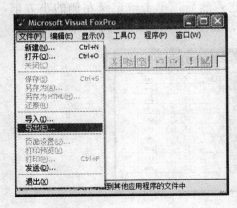

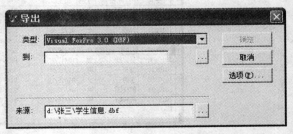

图 1-3-19　"文件"下拉菜单　　　　　图 1-3-20　"导出"对话框

② 在"类型"下拉列表中选择"Excel"，单击"到"文本框右侧的"…"按钮，弹出"另存为"对话框，如图 1-3-21 所示。

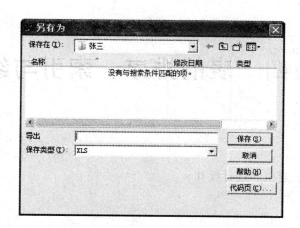

图 1-3-21 "另存为"对话框

③ 在"另存为"文本框中填入文件名，单击"保存"按钮，完成保存。

实验四 表的排序、索引与统计

实验题目

数据表的排序、索引和统计操作。

实验目的

（1）掌握数据表中排序文件的创建方法。

（2）掌握建立数据表索引方法。

（3）掌握数据表的基本统计操作。

实验内容

根据上次实验创建的"学生信息"表，实现排序、索引和数据统计的各种操作。

实验步骤

（1）排序操作的实现，要求对"学生信息"表中的记录按"所在院系"字段进行降序排列，相同院系的按"入学成绩"降序排列，生成的新表名为"学生1"。

操作方法：

在命令窗口中依次执行以下命令。

```
USE 学生信息
SORTTo 学生 1 ON 所在院系/D ，入学成绩/D
USE 学生 1
BROWSE
```

此时打开了排好序的"学生1"表，观察此表和"学生信息"表的区别，如图1-4-1所示。

学号	姓名	性别	出生日期	入学成绩	所在院系	是否团员	照片
010612	钱进	男	09/20/86	541	计算机	T	gen
010408	吴笑晗	女	10/12/85	523	计算机	T	gen
010502	周小玲	女	07/17/86	504	计算机	F	gen
010631	韩庆国	男	05/02/86	531	机械	T	gen
010102	王美云	女	03/15/85	514	机械	T	gen
010601	赵大国	男	07/25/86	525	工商管理	F	gen
010718	郑天一	男	11/21/87	489	工商管理	T	gen
010714	陈梓翰	男	09/16/86	516	电子	T	gen
010221	孙静	女	02/21/86	512	电子	T	gen
010332	李子豪	男	06/05/87	499	电子	T	gen

图1-4-1 排好序的"学生1"表

（2）只对部分满足条件的记录实现排序，要求对"学生信息"表中的男生按"所在院系"字段进行降序排列，相同院系的按"入学成绩"降序排列，生成的新表名为"学生 2"。

操作方法：

在命令窗口中依次执行以下命令。

```
USE 学生信息
SORTTo 学生 2 ON 所在院系/D ，入学成绩/D For 性别 = "男"
USE 学生 2
BROWSE
```

此时打开了排好序的"学生 2"表，观察此表和"学生 1"表的区别，如图 1-4-2 所示。

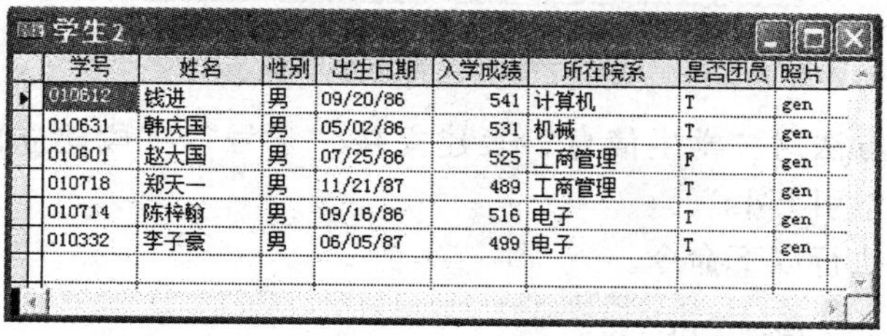

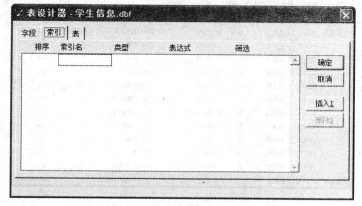

图 1-4-2　排好序的"学生 2"表

（3）用"表设计器"的方法建立表的索引的操作，对"学生信息"表建立按"学号"、"性别"、"所在院系"索引。

操作步骤：

① 打开表设计器，方法是在命令窗口中输入如下指令。

```
USE 学生信息 .dbf
MODIFY STRUCTURE
```

② 单击"表设计器"的"索引"选项卡，如图 1-4-3 所示。

图 1-4-3　"表设计器"选项卡

③ 依次按要求进行输入，完毕后按"确定"按钮，弹出如图 1-4-4 所示提示框，单击"是"按钮，系统将修改内容存盘，建立索引文件完毕。这时打开默认目录有一个名为"学生信息.cdx"的文件，即是我们刚刚建立的索引文件。

图 1-4-4 提示消息框

（4）用命令的方法对"学生信息"表建立按"学号"字段建立的独立索引，索引文件名称为"学号索引.idx"。

在命令窗口中执行以下命令。

```
INDEX ON 学号 To 学号索引
```

（5）使用索引，首先设置"学号"索引为当前索引，再设置"性别"索引为当前索引。

在命令窗口中执行以下命令。

```
USE 学生信息
SET ORDER TO 学号
LIST
```

主窗口中的内容如图 1-4-5 所示，注意观察。

记录号	学号	姓名	性别	出生日期	入学成绩	所在院系	是否团员	照片
8	010102	王美云	女	03/15/85	514	机械	.T.	gen
3	010221	孙静	女	02/21/85	512	电子	.T.	gen
4	010332	李子豪	男	06/05/87	499	电子	.T.	gen
6	010408	吴笑晗	女	10/12/85	523	计算机	.T.	gen
5	010502	周小玲	女	07/17/86	504	计算机	.F.	gen
1	010601	赵大国	男	07/25/86	525	工商管理	.F.	gen
2	010612	钱进	男	09/20/86	541	计算机	.T.	gen
9	010631	韩庆国	男	05/02/86	531	机械	.T.	gen
10	010714	陈梓榆	男	09/16/86	516	电子	.T.	gen
7	010718	郑天一	男	11/21/87	489	工商管理	.T.	gen

图 1-4-5 "学号"索引后的记录

接着在命令窗口中执行以下命令。

```
CLEAR
SET ORDER TO 性别
LIST
```

主窗口中的内容如图1-4-6所示，注意观察。

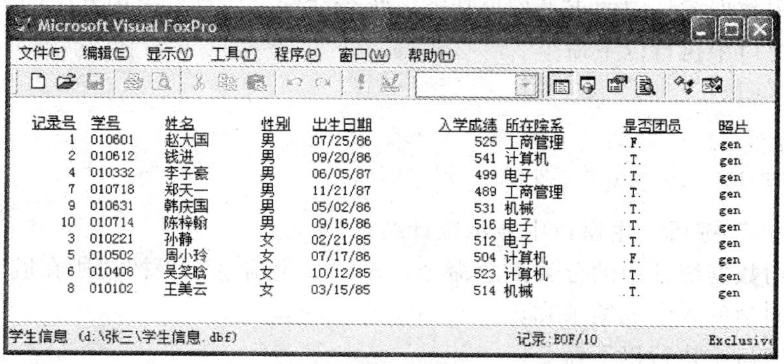

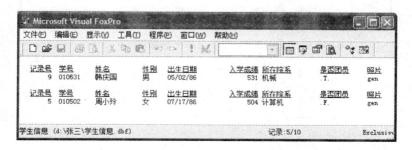

图1-4-6　"性别"索引后的记录

（6）使用 FIND 和 SEEK 对"学生信息"表进行索引查找，查找出学号为"010631"、"010502"的学生信息。

在命令窗口中执行以下命令。

```
USE 学生信息
SET ORDER TO 学号
SEEK "010631"
DISPLAY
```

接着在命令窗口中执行以下命令。

```
FIND 010502
DISPLAY
```

观察主窗口中的内容如图1-4-7所示，思考 FIND 和 SEEK 的区别。

图1-4-7　FIND 和 SEEK 的显示

（7）使用数据统计功能，统计"学生信息"表中女生的个数。

在命令窗口中执行以下命令。

```
USE 学生信息
COUNT ALL FOR 性别 = "女" TO a
? a
```

主窗口中将显示统计结果。

(8) 使用数据统计中的求平均值功能,统计"学生信息"表中女生的入学平均分。

在命令窗口中执行以下命令。

```
CLEAR
USE 学生信息
AVERAGE ALL 入学成绩 FOR 性别 = "女"
```

按"Enter"键后,主窗口中显示统计结果。

(9) 使用数据统计中的分类汇总命令,对"学生信息"表按"所在院系"为分类,对各院系的同学的入学成绩求和。

在命令窗口中执行以下命令。

```
CLEAR
USE 学生信息
INDEX ON 所在院系 TO 学生院系
TOTAL ON 所在院系 TO 学生院系1 FIELDS 入学成绩
USE 学生院系1
LIST
```

按"Enter"键后,在主窗口中出现如图1-4-8所示结果。

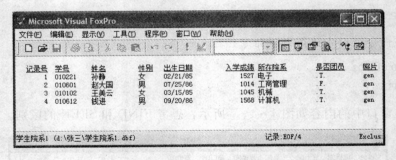

图1-4-8 分类汇总结果

实验五　数据库的操作

实验题目

数据库的建立和基本操作。

实验目的

掌握数据库创建方法和有关数据库的各种基本操作。

实验内容

创建一个"学生信息管理系统"，向这个数据库里面添加一些相关的数据表，管理这些表，设置这个数据库的实体完整性和域完整性，建立表间的永久关联，设置表之间的参照完整性。

实验步骤

（1）创建"学生信息管理系统"数据库。

有两种方法创建，分别是菜单方式和命令方式，这里介绍菜单方式。

操作步骤：

① 首先要启动 Visual FoxPro。

② 单击"文件"下拉菜单的"新建"命令，弹出如图 1-5-1 所示"新建"对话框。

③ 文件类型选择"数据库"，单击右侧的"新建文件"按钮，弹出如图 1-5-2 所示"创建"对话框。

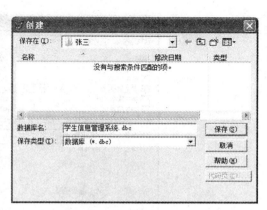

图 1-5-1　"新建"对话框　　　　图 1-5-2　"创建"对话框

④ 在"数据库名"文本框中输入"学生信息管理系统",单击"保存"按钮,创建完毕,同时打开"数据库设计器"窗口,如图1-5-3所示。

图1-5-3 "数据库设计器"窗口

(2) 给数据库添加表,将已有的自由表添加到数据库中,这里我们将"学生信息"表添加到"学生信息管理系统"数据库中。

操作步骤:

① 单击"数据库"下拉菜单中的"添加表"命令,弹出"打开"对话框,如图1-5-4、图1-5-5所示。

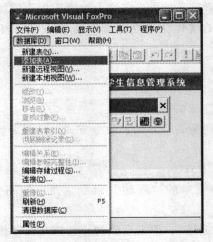

图1-5-4 "数据库"下拉菜单

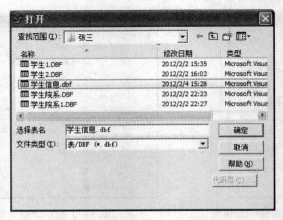

图1-5-5 "打开"对话框

② 在"打开"对话框中选择"学生信息.dbf"文件,单击"确定"按钮,出现如图 1-5-6 所示窗口。

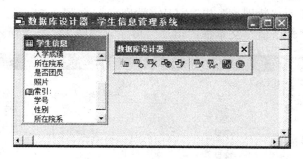

图 1-5-6　数据库设计器

(3) 给数据库创建新表,给"学生信息管理系统"数据库创建一张"学生成绩"表,字段为学号、各课程名称、成绩,输入相应的数据,见表 1-5-1。

表 1-5-1　"学生成绩"表

学号	姓名	高等数学	物理	计算机	外语	政治
010601	赵大国	87	78	89	78	78
010612	钱进	78	65	83	73	75
010221	孙静	68	57	79	87	86
010332	李子豪	75	89	82	81	84
010502	周小玲	89	91	84	72	94
010408	吴笑晗	92	87	81	45	72
010718	郑天一	90	88	92	52	78
010102	王美云	83	75	95	94	85
010631	韩庆国	62	51	87	81	81
010714	陈梓翰	79	70	76	75	84

创建的方法和实验三相同,前提是先创建好的数据库。

(4) 设置"学生信息"表中的字段有效性规则,设置"性别"字段只可以输入"男"或者"女",默认值为"男"。"高等数学"字段只能填 0～100 之间的数。

操作步骤:

① 打开"学生信息管理系统"数据库,如没有"数据库设计器"窗口,单击"显示"下拉菜单的"数据库设计器"命令,打开"数据库设计器"窗口。

② 在"学生信息"表上单击鼠标右键,在弹出的快捷菜单上单击"修改"命令,

打开"表设计器"。

③ 在"字段"选项卡中,单击"性别"字段选中它,在"字段有效性"框架内的"规则"文本框中输入"性别=" 男".OR.性别=" 女"","信息"文本框内输入""只能填男或女"","默认值"文本框内填"" 男"",如图1-5-7所示。

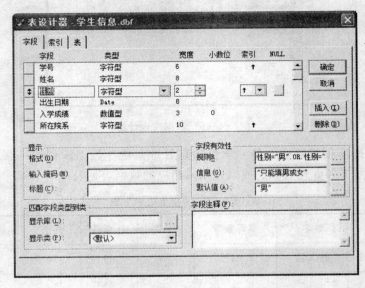

图1-5-7 "学生信息"表设计器

④ 单击"确定"按钮弹出对话框,如图1-5-8所示,单击"确定"按钮完成设置。

图1-5-8 "表设计器"对话框

(5) 将"学生信息管理系统"数据库中"学生信息"表和"学生成绩"表建立永久关联。

操作步骤:

① 首先要在"学生信息"表中以"学号"建立主索引,在已经打开数据库的前提下,在"数据库设计器"窗口内的"学生信息"表上单击右键,在弹出的快捷菜单上单击"修改"命令,弹出如图1-5-7所示的"表设计器"对话框,单击选择"学号"字段,将索引项设置为升序。

② 单击"表设计器"对话框的"索引"选项卡,设置学号索引为主索引,如图1-5-9所示。

③ 用同样的方法设置"学生成绩"表的"学号"字段为普通索引,如图1-5-10所示。

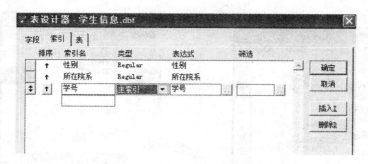

图 1-5-9　设置主索引

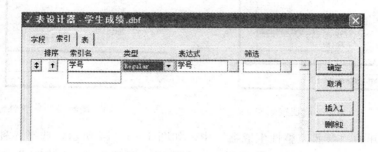

图 1-5-10　设置普通索引

④ 在"数据库设计器"窗口中,将鼠标指针移动到"学生信息"表的主索引"学号"上,按住左键拖动光标到"学生成绩"表上的普通索引"学号"上,松开鼠标左键,关系建立,如图 1-5-11 所示。

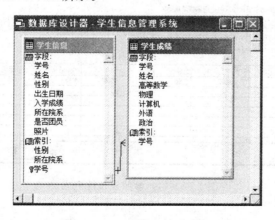

图 1-5-11　永久关系建立

(6) 设置"学生信息"表和"学生成绩"表之间的参照完整性。

操作步骤:

① 首先清理数据库,单击"数据库"下拉菜单的"清理数据库"命令,如图 1-5-12 所示,完成清理数据库。

② 单击"数据库"下拉菜单的"编辑参照完整性"命令,如图 1-5-13 所示。

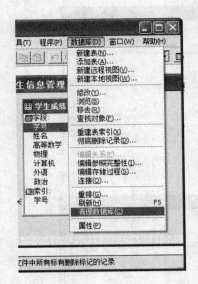
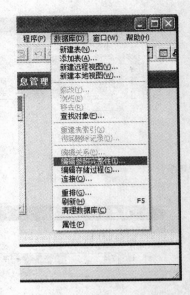

图 1-5-12　清理数据库　　　　　图 1-5-13　编辑参照完整性

③ 在打开的"**参照完整性生成器**"中，如图 1-5-14 所示，选择各种规则下应用"级联"、"限制"或"忽略"三种规则，分别设置，再更改"学生信息"一条记录的学号，观察"学生成绩"中的变化。

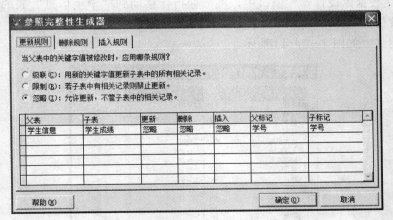

图 1-5-14　参照完整性生成器

实验六 SQL 语言的应用 (一)

实验题目

SQL 语言的创建和语法格式。

实验目的

掌握 SQL 语言的语法规则，学会使用 SQL 语言进行简单的数据处理。

实验内容

使用 SQL 语言创建一个数据库，名为"学籍信息管理系统"，按要求创建三个表，完成各种记录的修改操作和表的操作。

实验步骤

（1）使用 SQL 语言创建一个数据库"学籍信息管理系统"，在数据库中创建三个表个表，名称为"学生"、"成绩"和"考试成绩"，并建立关联。

操作方法：

在命令窗口中执行以下命令。

```
CREATE DATABASE 学籍信息管理系统
CREATE TABLE 学生（;
学号 C(6),;
姓名 C(8),;
性别 C(2),;
入学成绩 N(3),;
PRIMARY KEY 学号 TAG 学号）
CREATE TABLE 成绩（;
学号 C(6),;
c 语言上机 N(2),;
物理实验 N(2),;
电工实习 N(2),;
FOREIGN KEY 学号 TAG 学号 REFERENCES 学生）
CREATE TABLE 考试成绩（;
学号 C(6),;
数学 I(2),;
```

物理 I(2),;

外语 I(2),;

FOREIGN KEY 学号 TAG 学号 REFERENCES 学生)

执行以上操作后，单击"显示"下拉菜单的"数据库设计器"命令，打开"数据库设计器"，如图 1-6-1 所示，观察刚才用 SQL 语言创建的三个表和它们之间的关系。

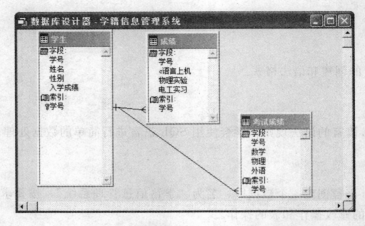

图 1-6-1　SQL 语言创建的三个表和它们之间的关系

（2）使用 SQL 语言向"学生"表中插入两条记录。

在命令窗口中执行以下命令。

```
INSERT into 学生;
VALUES("010234","王明","男",78)
INSERT into 学生;
VALUES("010214","李明","男",178)
```

双击"数据库设计器"窗口中的"学生"表，打开表，如图 1-6-2 所示，查看我们刚刚添加进去的一条记录。

学号	姓名	性别	入学成绩
010234	王明	男	78
010214	李明	男	178

图 1-6-2　查看添加的记录

（3）使用 SQL 语言将"学生"表中所有人的"入学成绩"加 10 分。

在命令窗口中执行以下命令。

```
UPDATE 学生;
SET 入学成绩 = 入学成绩 + 10
```

"学生表"中的记录变化情况，如图 1-6-3 所示。

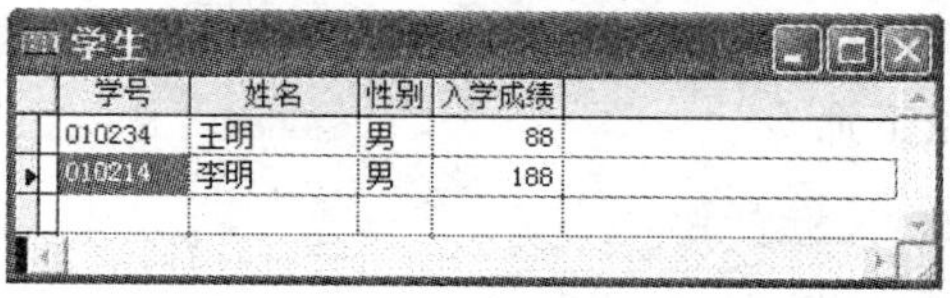

图 1-6-3　查看变化后的记录

（4）使用 SQL 语言删除"学生"表中"姓名"为"王明"的记录。

在命令窗口中执行以下命令。

DELETE FROM 学生 WHERE 姓名 = "王明"

执行命令之后，"王明"这条记录增加了删除标记，如图 1-6-4 所示，这是逻辑删除，要彻底删除还要再次执行"表"下拉菜单的"彻底删除"命令。

图 1-6-4　加了删除标记的记录

（5）使用 SQL 语言在"学生"表中添加一个"出生日期"字段。

在命令窗口中执行以下命令。

ALTER TABLE 学生；

ADD 出生日期 D

执行了该命令之后，"学生"表发生的变化如图 1-6-5 所示。

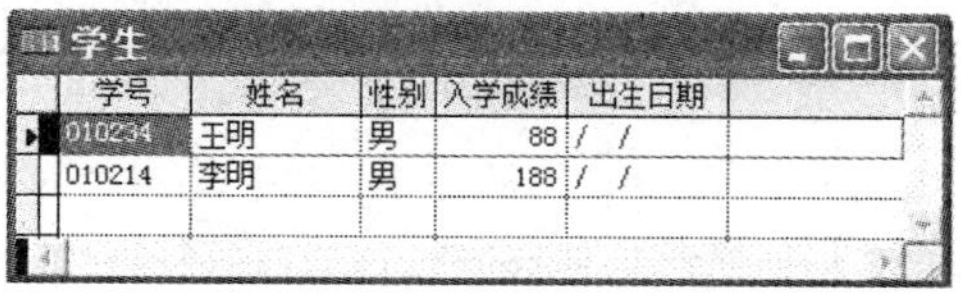

图 1-6-5　加了"出生日期"字段的"学生"表

（6）使用 SQL 语言将"学生"表中的"出生日期"字段，改为"出生年月"。

在命令窗口中执行以下命令。

ALTER TABLE 学生 RENAME COLUMN 出生日期 TO 出生年月

执行了这条命令之后，"学生"表发生的变化如图 1-6-6 所示。

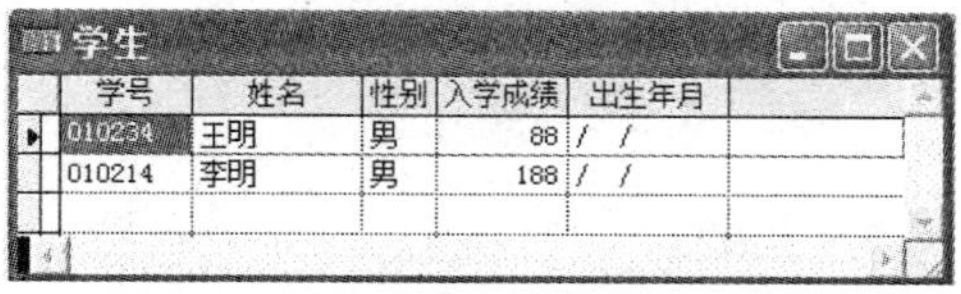

图 1-6-6　修改成"出生年月"字段的"学生"表

（7）使用 SQL 语言将"学籍信息管理系统"数据库中的"考试成绩"表删除。在命令窗口中执行以下命令。

DROP TABLE 考试成绩

执行以上操作后，"数据库设计器"窗口如图 1-6-7 所示。

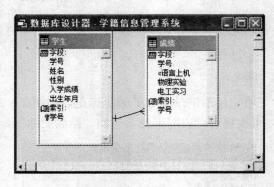

图 1-6-7 删除了"考试成绩"的数据库

实验七 SQL 语言的应用（二）

实验题目

SQL 语言的查询功能。

实验目的

掌握 SQL 语言的查询语句，会使用 SQL 语言进行各种查询操作。

实验内容

使用 SQL 语言中的查询语句进行各种查询应用。

实验步骤

（1）使用 SQL 语言进行简单查询。

① 查询"学生信息"表中的所有信息。

在命令窗口中输入以下命令：

```
SELECT * FROM 学生信息
```

执行之后出现如图 1-7-1 所示查询的信息。

学号	姓名	性别	出生日期	入学成绩	所在院系	是否团员	照片
010601	赵大国	男	07/25/86	525	工商管理	F	gen
010612	钱进	男	09/20/86	541	计算机	T	gen
010221	孙静	女	02/21/85	512	电子	T	gen
010332	李子豪	男	06/05/87	499	电子	T	gen
010502	周小玲	女	07/17/86	504	计算机	F	gen
010408	吴笑脸	女	10/12/85	523	计算机	T	gen
010718	郑天一	男	11/21/87	489	工商管理	T	gen
010102	王美云	女	03/15/85	514	机械	T	gen
010631	韩庆国	男	05/02/86	531	机械	T	gen
010714	陈梓翰	男	09/16/86	516	电子	T	gen

图 1-7-1 查询结果

② 查询"学生信息"表中的部分字段信息，查询"姓名"、"性别"和"入学成绩"字段的信息。

在命令窗口中输入以下命令：

```
SELECT * FROM 学生信息
```

执行之后出现如图 1-7-2 所示查询的信息。

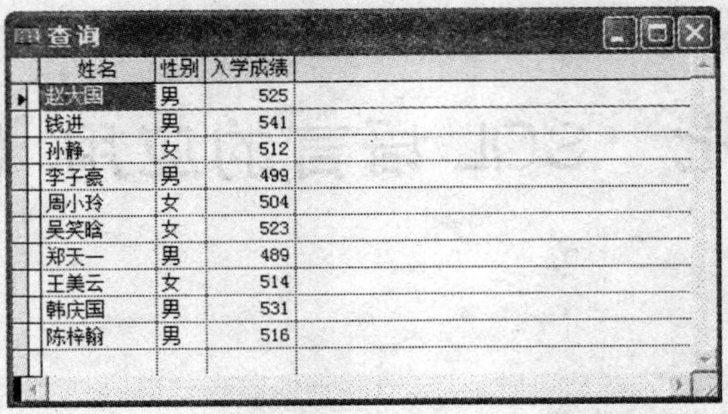

姓名	性别	入学成绩
赵大国	男	525
钱进	男	541
孙静	女	512
李子豪	男	499
周小玲	女	504
吴笑晗	女	523
郑天一	男	489
王美云	女	514
韩庆国	男	531
陈梓翰	男	516

图 1-7-2　查询部分信息结果

③ 查询“学生信息”表中所有学生的“姓名”、“性别”和“年龄”。

在命令窗口中输入以下命令：

```
SELECT 姓名,性别,YEAR(DATE() - YEAR(出生日期)) AS 年龄 FROM 学生信息
```

执行之后出现如图 1-7-3 所示查询的信息。

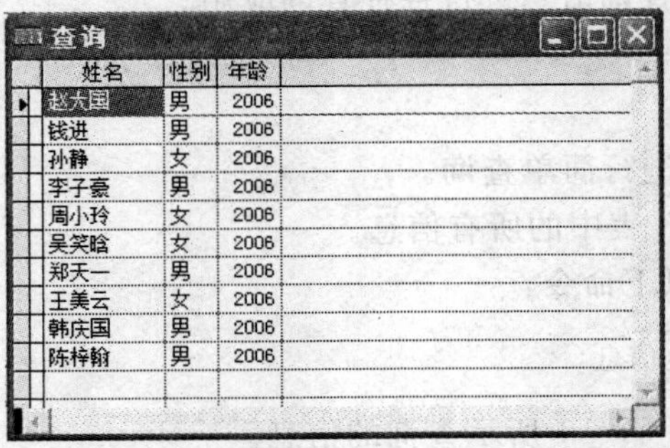

姓名	性别	年龄
赵大国	男	2006
钱进	男	2006
孙静	女	2006
李子豪	男	2006
周小玲	女	2006
吴笑晗	女	2006
郑天一	男	2006
王美云	女	2006
韩庆国	男	2006
陈梓翰	男	2006

图 1-7-3　“年龄”计算查询结果

④ 查询“学生信息”表中所有院系名称，要求去掉重复值。

在命令窗口中输入以下命令：

```
SELECT DISTINCT 所在院系 FROM 学生信息
```

执行以上命令后出现如图 1-7-4 所示查询的信息。

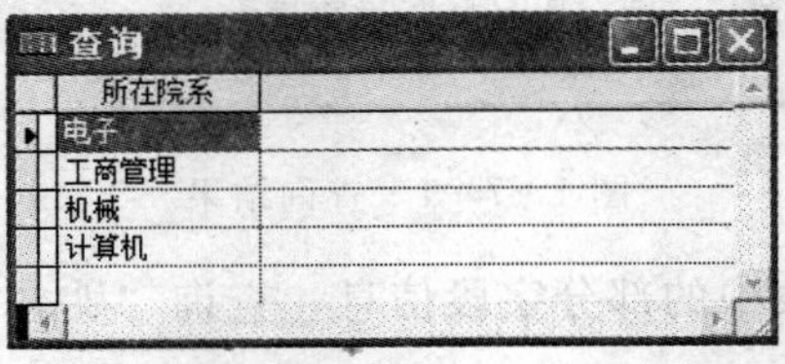

所在院系
电子
工商管理
机械
计算机

图 1-7-4　查询院系信息结果

(2) 单表有条件查询。

① 查询“学生信息”表中所有男生的“姓名”、“出生日期”和“入学成绩”。

在命令窗口中输入以下命令：

```
SELECT 姓名,出生日期,入学成绩 FROM 学生信息 WHERE 性别 = "男"
```

执行之后出现如图 1-7-5 所示查询的信息。

查询

姓名	出生日期	入学成绩
赵大国	07/25/86	525
钱进	09/20/86	541
李子豪	06/05/87	499
郑天一	11/21/87	489
韩庆国	05/02/86	531
陈梓翰	09/16/86	516

图 1-7-5　查询男生信息结果

② 查询“学生信息”表中所有 1987 年 1 月 1 号以后出生的同学信息。
在命令窗口中输入以下命令：

```
SELECT * FROM 学生信息 WHERE 出生日期>{^1987-01-01}
```

执行以上命令后出现如图 1-7-6 所示查询的信息。

查询

学号	姓名	性别	出生日期	入学成绩	所在院系	是否团员	照片
010332	李子豪	男	06/05/87	499	电子	T	gen
010718	郑天一	男	11/21/87	489	工商管理	T	gen

图 1-7-6　查询 87 年以后出生的同学结果

(3) 多表查询。
查询出所有男同学的“学号”、“姓名”、“入学成绩”、“物理”和“外语”成绩。
在命令窗口中输入以下命令：

```
SELECT 学生信息.学号,学生信息.姓名,入学成绩,物理,外语;
FROM 学生信息,学生成绩;
WHERE 学生信息.学号 = 学生成绩.学号 AND 性别 = "男"
```

执行以上命令后出现如图 1-7-7 所示查询的信息。

查询

学号	姓名	入学成绩	物理	外语
010601	赵大国	525	78	78
010612	钱进	541	65	73
010332	李子豪	499	89	81
010718	郑天一	489	88	52
010631	韩庆国	531	51	81
010714	陈梓翰	516	70	75

图 1-7-7　多表查询结果

(4) 排序查询。
将“学生成绩”表中的所有记录按“高等数学”的升序输出，“高等数学”相同按

"外语"的降序输出。

在命令窗口中输入以下命令：

> SELECT * FROM 学生成绩 ORDER BY 高等数学 ASC ,外语 DESC

执行以上命令后出现如图 1-7-8 所示查询的信息。

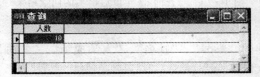

图 1-7-8　排序输出查询结果

（5）计算查询。

统计出"学生信息"表中共有多个记录。

在命令窗口中输入以下命令：

> SELECT COUNT(*) AS 人数 FROM 学生信息

执行以上命令后出现如图 1-7-9 所示查询的信息。

图 1-7-9　统计记录个数结果

实验八 查询与视图设计

实验题目

使用查询设计器和视图设计器。

实验目的

掌握查询设计器建立查询的方法，掌握使用视图设计器创建视图的方法。

实验内容

（1）基于数据库"学生信息管理系统"，使用查询设计器建立查询文件"学生查询信息.qpr"，查询内容为：所有学生的基本信息，包含学号、姓名、性别、出生日期、所在院系，并按学号进行升序排序。

（2）使用视图设计器依据数据库"学生信息管理系统"，创建一个多表本地视图，视图中包括"学号"、"姓名"、"高等数学"、"物理"、"外语"、"计算机"这些字段的内容，并按学号进行升序排序。

实验步骤

（1）使用查询设计器来创建这个查询。

① 单击"文件"下拉菜单的"打开"命令，打开数据库"学生信息管理系统"。

② 单击"文件"下拉菜单的"新建"命令，打开"新建对话框"如图1-8-1所示。

③ 选择"文件类型"中的"查询"，单击"新建文件"按钮，弹出如图1-8-2所示窗口。

图1-8-1 "新建"对话框

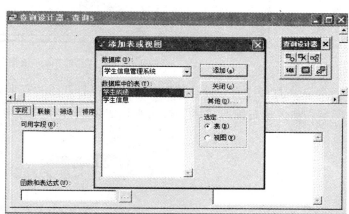

图1-8-2 打开的窗口

　　④ 在"数据库"列表框中选择"学生信息管理系统","数据库中的表"选择需要应用的"学生信息"表,单击"添加"按钮。

　　⑤ 将"学生信息"表添加进去后,单击"关闭"按钮。

　　⑥ 在"查询设计器"对话框中单击下侧"字段"选项卡,在"可用字段"列表框中选择需要的字段,再单击中间的"添加"按钮,将选中字段添加到右侧的"选定字段"列表框中,如图1-8-3所示。

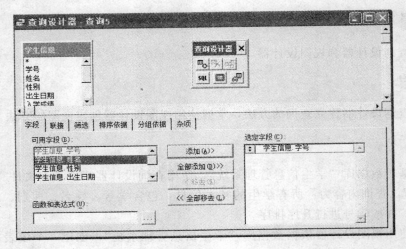

图1-8-3 "查询设计器"对话框

　　⑦ 在"查询设计器"对话框中单击"排序依据"选项卡,在"选定字段"列表框中选择需要排序的"学号"字段,中间的"排序选项"选择"升序",再单击"添加"按钮,如图1-8-4所示。

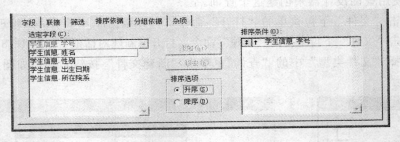

图1-8-4 设置"排序依据"

　　⑧ 在打开"查询设计器"时,同时也打开了"查询设计器"工具栏,如图1-8-5所示,单击最右侧的"⚙"按钮查询去向,打开"查询去向"对话框,如图1-8-6所示。

图1-8-5 "查询设计器"工具栏

⑨ 在"查询去向"对话框中，选择"浏览"，单击"确定"按钮。

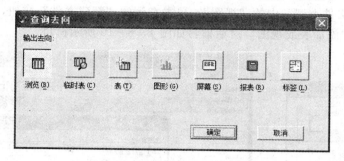

图 1-8-6　"查询去向"对话框

⑩ 运行查询。单击 Visual FoxPro 工具栏上的"！"按钮，出现结果如图 1-8-7 所示。

学号	姓名	性别	出生日期	所在院系	
010102	王美云	女	03/15/85	机械	
010221	孙静	女	02/21/85	电子	
010332	李子豪	男	06/05/87	电子	
010408	吴笑晗	女	10/12/85	计算机	
010502	周小玲	女	07/17/86	计算机	
010601	赵大国	男	07/25/86	工商管理	
010612	钱进	男	02/20/86	计算机	
010631	韩庆国	男	05/02/86	机械	
010714	陈梓翰	男	09/16/86	电子	
010718	郑天一	男	11/21/87	工商管理	

图 1-8-7　查询结果

⑪ 保存查询。单击工具栏上的"🖫"按钮，在弹出的"另存为"对话框中输入名称"学生查询信息.qpr"，单击"保存"按钮，完成保存，如图 1-8-8 所示。

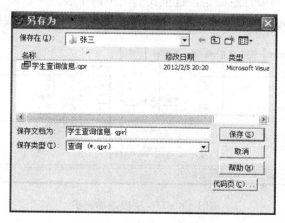

图 1-8-8　"另存为"对话框

（2）使用视图设计器依据数据库"学生信息管理系统"，创建一个多表本地视图。

① 单击"文件"下拉菜单的"打开"命令，打开数据库"学生信息管理系统"。

② 单击"文件"下拉菜单的"新建"命令，打开"新建对话框"如图 1-8-9 所示。

③ 选择"文件类型"中的"视图"，单击右侧的"新建文件"按钮，弹出"视图设计器"窗口和"添加表或视图"对话框，如图 1-8-10 所示窗口。

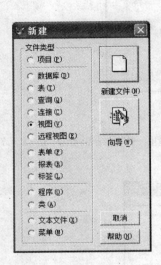

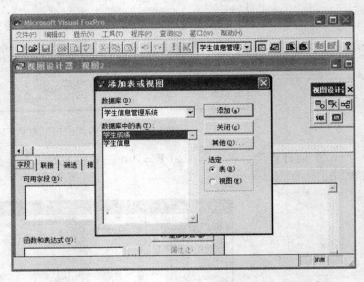

图 1-8-9 "新建"对话框　　　　　　　图 1-8-10 打开的窗口

④ 在"数据库"列表框中选择"学生信息管理系统"，在"数据库中的表"列表中选择需要应用的"学生信息"表，单击右侧的"添加"按钮，再选择"学生成绩"表，单击右侧的"添加"按钮，然后点击右侧的"关闭"按钮。

⑤ 在"视图设计器"对话框中单击下侧"字段"选项卡，在"可用字段"列表框中单击需要的字段，单击"添加"按钮，将这个字段添加到右侧的"选定字段"列表框中，如图 1-8-11 所示。需要注意的是，这里我们用个两个表。所以要注意要添加的字段是哪一个表中的字段，用表名做前缀，如"学生信息 . 学号"、"学生成绩 . 物理"。

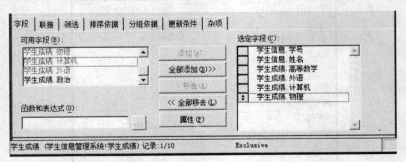

图 1-8-11 字段添加完毕

⑥ 在"视图设计器"对话框中单击下侧"联接"选项卡，为多个表设置联接条件，如图 1-8-12 所示。

⑦ 在"查询设计器"对话框中单击下侧"排序依据"选项卡，在"选定字段"列表框中选择需要排序的字段"学号"，在对话框中间的"排序选项"选择"升序"，再

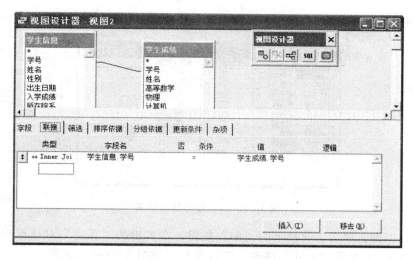

图 1-8-12 设置好联接的情况

单击中间的"添加"按钮，如图 1-8-13 所示。

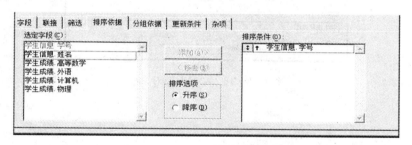

图 1-8-13 设置好排序的情况

⑧ 单击"更新条件"选项卡，单击左下角的"发送 SQL 更新"复选框，如图 1-8-14 所示。

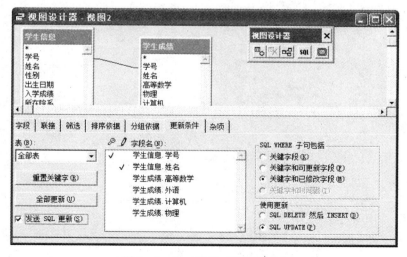

图 1-8-14 设置"更新条件"

⑨ 单击工具栏上的 "!" 按钮，查看最后的结果，如图 1-8-15 所示。

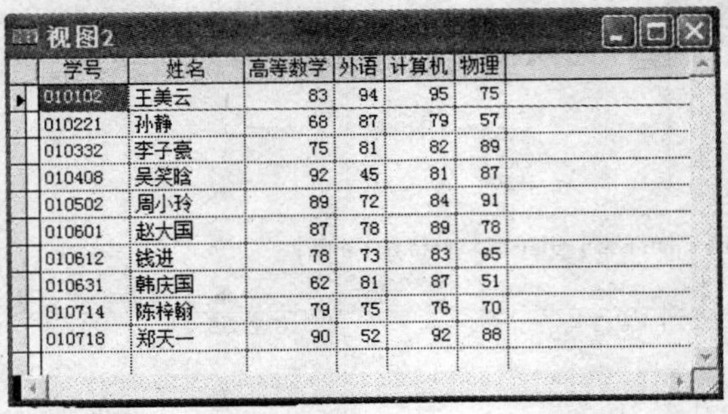

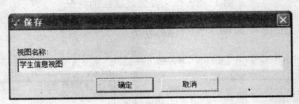

图 1-8-15 查看视图结果

⑩ 保存查询。单击工具栏上的 "💾" 按钮，在弹出的 "保存" 对话框中输入名称 "学生信息视图"，单击 "确定" 按钮，完成保存，如图 1-8-16 所示。

图 1-8-16 "保存" 对话框

实验九 项目管理器

实验题目

项目管理器的使用

实验目的

掌握项目管理器的使用方法和基本操作。

实验内容

创建一个项目，名称为"学生管理"，将前面实验创建的"学生信息管理系统"数据库添加到这个项目中，并进行各种操作练习。

实验步骤

（1）创建一个项目，名称为"学生管理"。

操作步骤：

① 打开 Visual FoxPro，单击"文件"下拉菜单，选择"新建"命令，打开"新建"对话框。

② 在"新建"对话框中选择"项目"，如图 1-9-1 所示，单击右侧的"新建文件"按钮。

③ 在弹出的"创建"对话框中默认的保存位置是我们前面设置的"默认目录"，如不是则需要找到要保存的位置，在"项目文件"文本框中输入"学生管理"，单击"保存"按钮，如图 1-9-2 所示。

图 1-9-1 "新建"对话框

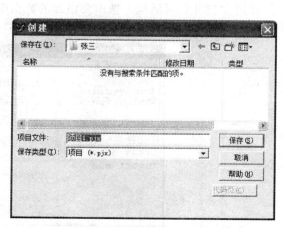

图 1-9-2 "创建"对话框

（2）在刚才创建好的项目中添加一个数据库，前面实验中创建了"学生信息管理系统"数据库，将它添加到"学生管理"项目中。

操作步骤：

① 创建好一个项目后，会弹出一个"项目管理器"对话框，如图1-9-3所示，单击"数据"选项卡，再单击"数据库"，之后单击右侧的"添加"按钮，如图1-9-4所示。

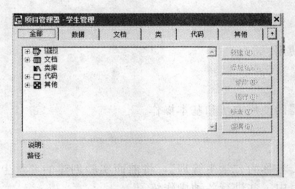

图1-9-3　"项目管理器"对话框

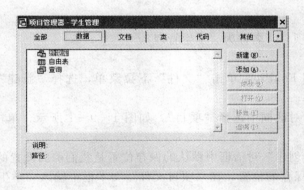

图1-9-4　"数据"选项卡

② 弹出"打开"对话框，选中要添加的数据库，单击"确定"按钮，如图1-9-5所示。

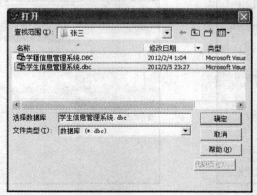

图1-9-5　打开对话框

③ 此时回到"项目管理器"对话框，完成了添加数据库的操作。

（3）添加视图，将前面创建好的查询添加到"学生管理"项目中。

操作步骤：

① 在"项目管理器"对话框中的"数据"选项卡中选择"查询"，如图 1-9-4 所示。

② 单击右侧的"添加"按钮，打开"添加"对话框，如图 1-9-6 所示，选择要添加的查询"学生查询信息.qpr"，单击"确定"按钮，添加成功，如图 1-9-7 所示。

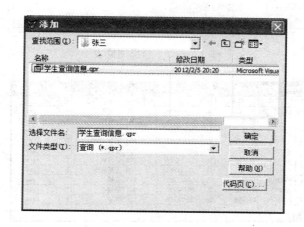

图 1-9-6 "添加"对话框

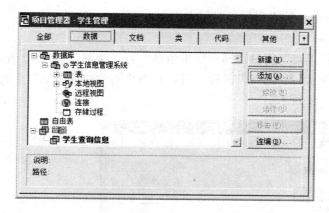

图 1-9-7 添加成功的显示

（4）使用"项目管理器"浏览"学生信息"表。

操作步骤：

① 单击"项目管理器"列表框内"表"左侧的"＋"，如图 1-9-8 所示。

② 选择"学生信息"表，单击右侧的"浏览"按钮查看浏览结果，如图 1-9-9 所示。

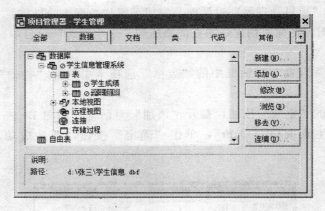

图 1-9-8 选择浏览表

学号	姓名	性别	出生日期	入学成绩	所在院系	是否团员	照片
010601	赵大国	男	07/25/86	525	工商管理	F	gen
010612	钱进	男	09/20/86	541	计算机	T	gen
010221	孙静	女	02/21/85	512	电子	T	gen
010332	李子豪	男	06/05/87	499	电子	T	gen
010502	周小玲	女	07/17/86	504	计算机	F	gen
010408	吴笑晗	女	10/12/85	523	计算机	T	gen
010718	郑天一	男	11/21/87	489	工商管理	T	gen
010102	王美云	女	03/15/85	514	机械	T	gen
010631	韩庆国	男	05/02/86	531	机械	T	gen
010714	陈梓翰	男	09/16/86	516	电子	T	gen

图 1-9-9 浏览结果

（5）给"学生信息"表添加说明。

操作步骤：

① 在"项目管理器"窗口选择"学生信息"表，如图 1-9-10 所示。

② 在"学生信息"表上点击鼠标右键，在弹出的"快捷菜单"上选择"编辑说明"命令，如图 1-9-11 所示。

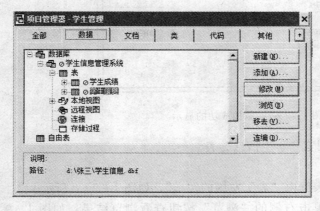

图 1-9-10 选择"学生信息"表   图 1-9-11 快捷菜单

③ 在弹出的对话框中填写说明，如图 1-9-12 所示。

图 1-9-12　填写说明

④ 填写完毕后，单击"确定"按钮，回到"项目管理器"对话框，下方出现说明，如图 1-9-13 所示。

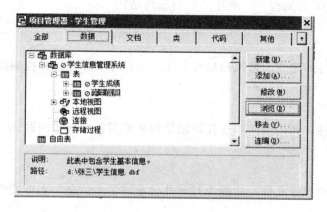

图 1-9-13　查看说明

实验十　顺序结构与选择结构

实验题目

Visual FoxPro 的编程——顺序结构与选择结构

实验目的

掌握程序文件的建立、修改和运行方法，能设计顺序和选择控制结构的程序。

实验内容

建立程序文件，利用顺序和选择控制结构来编写程序解决问题。

实验步骤

（1）建立一个程序文件，功能为打开并显示"学生信息"表中的内容。

操作步骤：

① 打开 Visual FoxPro，单击"文件"下拉菜单中的"新建"命令，打开"新建"对话框。

② 在"新建"对话框中"文件类型"中选择"程序"，单击右侧的"新建文件"按钮，如图 1-10-1 所示。

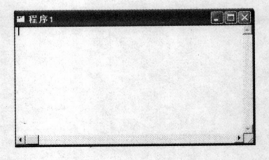

图 1-10-1　"新建"对话框　　　　图 1-10-2　"程序 1"窗口

③ 弹出"程序 1"窗口，如图 1-10-2 所示，在此窗口中输入程序：

```
SET TALK OFF
CLEAR
INPUT "输入数据库表文件名:" TO a
USE &a
LIST
USE
SET TALK ON
RETURN
```

④ 单击"文件"下拉菜单中的"保存"命令或者工具栏上的"■"按钮，弹出"另存为"对话框，如图1-10-3所示。

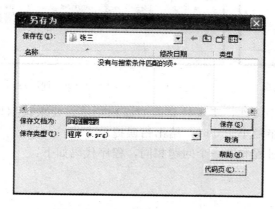

图1-10-3　"另存为"对话框

⑤ 选择保存路径，输入程序名，单击"保存"按钮。

⑥ 关闭"程序1"窗口。

⑦ 单击"程序"下拉菜单中的"运行"命令，打开如图1-10-4所示的"运行"对话框。

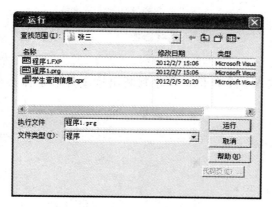

图1-10-4　"运行"对话框

⑧ 选择要运行的程序"程序1.prg"，单击右侧的"运行"按钮。

⑨ 程序开始运行，主窗口出现如图 1 - 10 - 5 所示提示内容"输入数据库表文件名："，此时输入""学生信息""，按"Enter"键，主窗口中出现运行结果，如图 1 - 10 - 6 所示。

图 1 - 10 - 5　输入信息

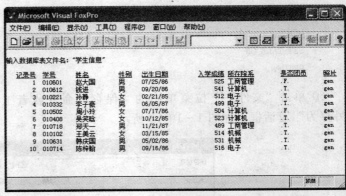

图 1 - 10 - 6　程序运行结果

（2）建立一个程序文件，实现计算圆的面积功能，要求根据用户给出的半径计算圆的面积，当给出的半径小于 0 时，给出错误提示。

创建程序文件的过程和第一个问题相同，程序代码如下：

```
SET TALK OFF
CLEAR
INPUT "输入圆的半径:" TO R
IF R>0
    S = PI() * R * R
    ?"圆的面积为:",S
ELSE
    ?"半径的值应该大于 0"
ENDIF
SET TALK ON
RETURN
```

（3）用户从键盘输入一个月份，程序判断出这个月份是什么季节，创建一个程序实现此功能。

程序代码如下：

```
SET TALK OFF
CLEAR
INPUT "输入月份:" TO a
DO CASE
    CASE (a = 2)OR(a = 3)OR(a = 4)
    b = "春季"
    CASE (a = 5)OR(a = 6)OR(a = 7)
```

```
        b = "夏季"
        CASE (a = 8)OR(a = 9)OR(a = 10)
        b = "秋季"
        CASE (a = 11)OR(a = 12)OR(a = 1)
        b = "冬季"
    ENDCASE
    ? a,"月份","是",b
    SET TALK ON
    RETURN
```

程序运行结果如图 1 - 10 - 7 所示。

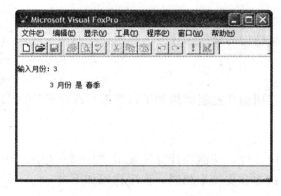

图 1 - 10 - 7　程序运行结果

实验十一　顺序结构与子程序

实验题目

Visual FoxPro 的编程——顺序结构与子程序

实验目的

掌握程序顺序控制结构的程序设计方法和子程序的编写与使用方法。

实验内容

建立程序文件，利用循环控制结构和子程序编写程序解决问题。

实验步骤

（1）建立一个程序文件，功能为计算并显示"$1+2+3+4+\cdots+100$"的值。
创建程序文件的过程和实验十相同，程序代码如下：

```
SET TALK OFF
CLEAR
S = 0
I = 1
DO WHILE I< = 100
    S = S + I
    I = I + 1
ENDDO
?"1 + 2 + 3 + 4 + ⋯ + 100 = ",S
SET TALK ON
```

运行结果如图 1-11-1 所示。

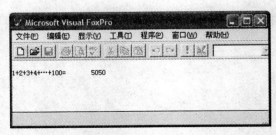

图 1-11-1　计算结果

（2）编写程序，显示"学生信息"表中的入学成绩大于 500 分学生的学号、姓名和入学成绩。

程序代码如下：

```
SET TALK OFF
CLEAR
USE 学生信息
DO WHILE ! EOF()
    IF 入学成绩>+500
        ? 学号,姓名,入学成绩
    ENDIF
        SKIP
ENDDO
SET TALK ON
```

运行结果如图 1-11-2 所示。

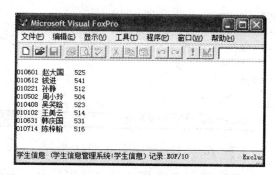

图 1-11-2　显示结果

（3）用 FOR 语句编写程序，实现从键盘输入 10 个数，找出其中最大值和最小值并输出。

程序代码如下：

```
SET TALK OFF
CLEAR
INPUT "请输入第一个数:" TO a
STORE a TO max,min
FOR i = 2 TO 10
    INPUT "请输入第" + STR(i,2) + "个数:" TO a
    IF max<a
        max = a
    ENDIF
    IF min>a
        min = a
    ENDIF
```

```
ENDFOR
?"最大值:",max
?"最小值:",min
SET TALK ON
RETURN
```

保存后运行程序，根据提示依次在键盘上输入 10 个数字，程序的运行结果如图 1 - 11 - 3 所示。

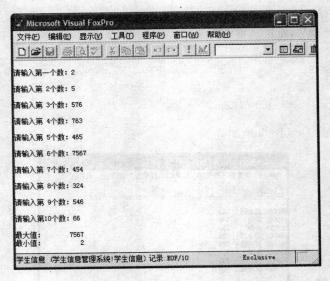

图 1 - 11 - 3 求最值运行结果

（4）编写程序，用 SCAN 语句来实现统计"学生信息"表中男生和女生各有多少人。

程序代码如下：

```
USE 学生信息
CLEAR
STORE 0 TO W,M
SCAN
    IF 性别 = "男"
        M = M + 1
    ELSE
        W = W + 1
    ENDIF
ENDSCAN
?"男生人数:",M
?"女生人数:",W
USE
```

保存后运行程序。程序的运行结果如图 1 - 11 - 4 所示。

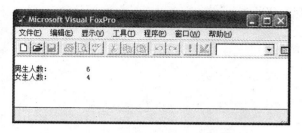

图 1-11-4　求男女人数结果

（5）编写程序，求圆的面积，要求在主程序中调用过程来实现求面积的功能。

程序代码如下：

```
CLEAR
INPUT "输入圆的半径:" TO R
IF R>0
    S = AREA(R)
    ?"圆的面积为:",S
ELSE
    ?"半径的值应该大于 0"
ENDIF
PROCEDURE AREA
    PARAMETERS A
    S = PI() * A * A
    RETURN S
ENDPROC
```

程序运行的结果如图 1-11-5 和图 1-11-6 所示。

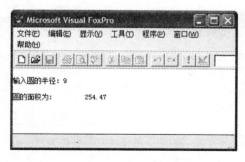

图 1-11-5　求圆的面积结果

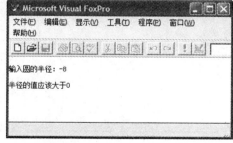

图 1-11-6　半径小于 0 的结果

（6）用 DO…WITH 来编写程序，体现参数传递的不同之处。

程序代码如下：

```
CLEAR
X = 1
Y = 2
```

```
DO 过程 1 WITH X,(Y)
? X,Y
PROCEDURE 过程 1
PARAMETERS X,Y
X = 3
Y = 4
RETURN
```

程序运行结果如图 1-11-7 所示，分析为什么是这样的结果，体会参数传递的不同之处。

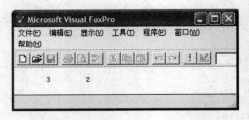

图 1-11-7　参数传递结果

实验十二 表单与控件设计 (一)

实验题目

表单的创建与应用

实验目的

掌握创建表单的方法和表单的基本操作。

实验内容

创建表单，对表单进行简单的操作。

实验步骤

(1) 使用表单向导创建表单，用来访问"学生信息.dbf"表。

操作步骤：

① 启动 Visual FoxPro，单击"文件"下拉菜单中的"新建"命令，打开"新建"对话框，如图 1-12-1 所示。

② "文件类型"中选择"表单"，单击右侧的"向导"按钮，打开"向导选取"对话框，如图 1-12-2 所示。

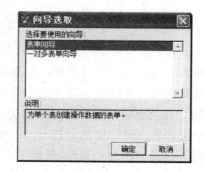

图 1-12-1 "新建"对话框   图 1-12-2 "向导选取"对话框

③ 因为我们只用到一个表，所以选择对话框中第一项"表单向导"，单击"确定"按钮。

④ 打开"表单向导"对话框，如图 1-12-3 所示。现在将要浏览的表添加进来，单击"数据库和表"下拉列表框右侧的"▦"按钮，弹出"打开"对话框，如图 1-12-4 所示。选择要添加的表"学生信息.dbf"，再单击对话框右下侧的"确定"按钮，将这个表添加进去。

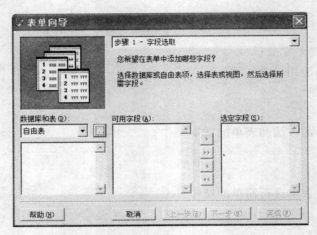

图 1-12-3　"表单向导"对话框

图 1-12-4　"打开"对话框

⑤ 回到"表单向导"对话框，如图 1-12-5 所示。

⑥ 将要使用的字段添加到"选定字段中"，在"可用字段"中，选择一个，单击"▸"按钮，如果要将所有字段都添加进去可以直接单击"▸▸"按钮。

⑦ 单击"下一步"按钮，打开"步骤 2"，在"样式"列表框中选择"浮雕式"，"按钮类型"选择"图片按钮"，如图 1-12-6 所示，单击"下一步"按钮。

⑧ "步骤 3"中在左侧选择"学号"，中间选择"升序"单选按钮，单击"添加"按钮，将它添加到"选定字段"列表框中，如图 1-12-7 所示，单击"下一步"按钮。

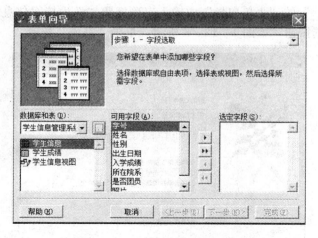

图 1-12-5   添加了表的"表单向导"

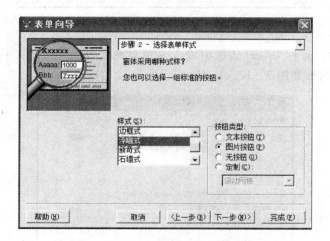

图 1-12-6   "表单向导"步骤 2

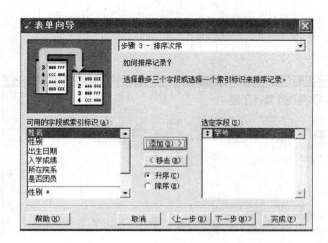

图 1-12-7   "表单向导"步骤 3

⑨ 在"步骤4"的"表单向导"中输入表单标题"学生档案信息",并选择"保存并运行表单"单选按钮,如图1-12-8所示,单击"完成"按钮。

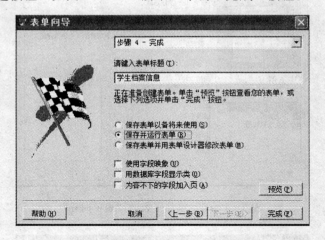

图1-12-8 "表单向导"步骤4

⑩ 在弹出的"另存为"对话框中输入表单名称,如图1-12-9所示,单击"保存"按钮。运行结果如图1-12-10所示。

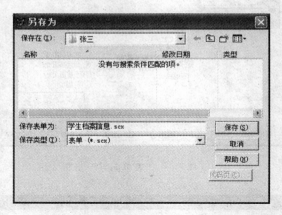

图1-12-9 "另存为"对话框

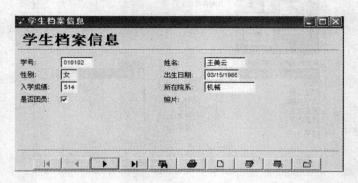

图1-12-10 运行结果

（2）建立表单"登录"，表单中有一个文本框，两个命令按钮。

操作步骤：

① 启动 Visual FoxPro，单击"文件"下拉菜单中的"新建"命令，打开"新建"对话框，如图 1－12－1 所示。

②"文件类型"中选择"表单"，单击右侧的"新建文件"按钮，"表单设计器"窗口如图 1－12－11 所示。

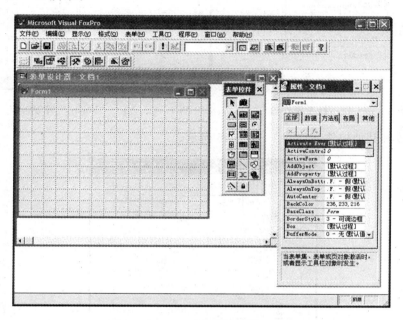

图 1－12－11　"表单设计器"窗口

③ 单击"表单控件"工具栏上的标签按钮"**A**"，将鼠标指针移动到"Form1"上，此时鼠标指针变成十字形状，按住鼠标左键拖动到合适位置，松开鼠标左键，就画好一个标签，同样的方法再画好其他控件，如图 1－12－12 所示。

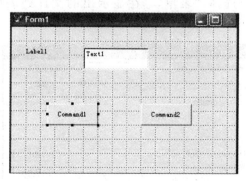

图 1－12－12　画好控件的 Form1

④ 单击"Label1"控件，它的四周出现六个控点，此时在"属性"窗口中，选择"Caption"属性，改变右侧的值，输入"用户名"，如图 1－12－13 所示。此时

"Form1"窗口如图 1 – 12 – 14 所示。

 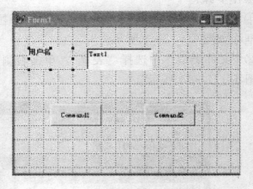

图 1 – 12 – 13　修改属性值　　　图 1 – 12 – 14　　"Form1"中的变化

⑤ 修改好其他控件，如图 1 – 12 – 15 所示。

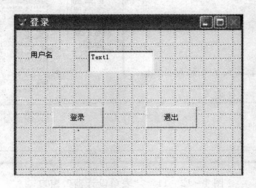

图 1 – 12 – 15　修改好的表单

⑥ 单击"文件"下拉菜单的"保存"命令，进行保存，名称为"登录"。

⑦ 单击"程序"下拉菜单中的"运行命令"，找到存放"登录"表单的文件夹，在"文件类型"下拉列表中选择"表单"，在显示出的文件列表中选择"登录"，如图 1 – 12 – 16 所示。

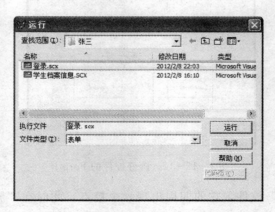

图 1 – 12 – 16　"运行"对话框

（8）单击"运行"按钮，出现表单运行的情况，如图 1 - 12 - 17 所示。

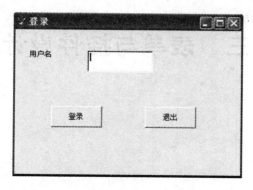

图 1 - 12 - 17　"登录"表单运行情况

实验十三　表单与控件设计（二）

实验题目

常用控件的使用

实验目的

掌握常用控件的使用方法，包括选项按钮组和属性页。

实验内容

创建表单，添加常用控件，设置其属性，编写适当的程序实现相应的功能。

实验步骤

（1）创建一个名为"形状.scx"的表单，要求表单上有一个形状控件，一个选项组控件，选择为"方"时图形为方，选择为"圆"时图形为圆。

操作步骤：

① 创建一个新表单，单击"文件"下拉菜单中的"新建"命令，选择"表单"，单击"新建文件"按钮，进入表单设计器。

② 在 这 个 表 单 上 创 建 一 个 形 状 控 件 SHAPE1，和 一 个 选 项 按 钮 组 OPTIONGROUP，并设置相应的属性，如图 1 - 13 - 1 所示。

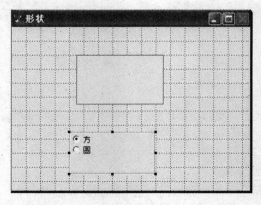

图 1 - 13 - 1　创建好控件的表单

③ 编写代码，在"方"选项按钮的 CLICK 事件中编写如下代码：

```
TIISFORM. SHAPE1. CURVATURE = 0
```

在"方"选项按钮的 CLICK 事件中编写如下代码：

TIISFORM. SHAPE1. CURVATURE = 99

④ 保存表单，名字为"形状.scx"。

⑤ 运行表单"形状.scx"。图 1-13-2 和图 1-13-3 为运行的结果。

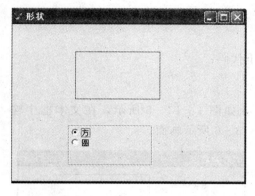 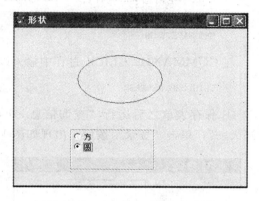

图 1-13-2 单击"方"的结果　　　　　图 1-13-3 单击"圆"的结果

（2）建立一个新表单"查询信息.scx"，表单上有一个标签，一个文本框，一个表格，两个命令按钮，分别修改它们的属性，并编写程序。在运行表单时，在文本框中输入一个学生的姓名，单击第一个命令按钮，则在表格中显示其性别和入学成绩。

操作步骤：

① 新建一个表单方法如上题。

② 在表单上添加好需要的控件，分别设置它们的属性：

FROM1 的 CAPTION 属性修改为"查询信息"。

LABEL1 的 CAPTION 属性修改为"请输入姓名："。

GRID1 的 COLUMNCOUNT 属性设置为 3，三个标题列的 HEADER1 的 CAPTION 值分别设置为姓名、性别、入学成绩。

COMMAND1 的 CAPTION 属性修改为"查询"。

COMMAND2 的 CAPTION 属性修改为"退出"。

设置完毕的表单如图 1-13-4 所示。

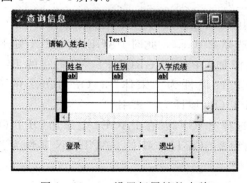

图 1-13-4 设置好属性的表单

③ 双击 COMMAND1 打开代码窗口，在 COMMAND1. CLICK 过程中输入以下代码：

```
SET SAFETY OFF
A = ALLTRIM(THISFORM. TEXT1. VALUE)
SELECT 姓名 AS 姓名,性别 AS 性别,入学成绩 AS 入学成绩;
FROM 学生信息 WHERE 姓名 = A INTO TABLE FF
THISFORM. GRID1. RECORDSOURCE = "FF"
SET SAFETY ON
```

在 COMMAND2. CLICK 过程中输入以下代码：

```
THISFORM. RELEASE
```

④ 保存表单之后运行"查询信息.scx"，如图 1 - 13 - 5 所示，在文本框中输入
"郑天一"，单击"登录"按钮，出现如图 1 - 13 - 6 所示画面。

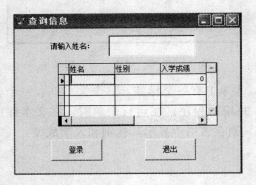

图 1 - 13 - 5　运行"查询信息"　　　　图 1 - 13 - 6　查询"郑天一"的记录

（3）建立一个新表单"页框"，要求做一个两页面的表单，每个页面又有不同的控
制文字字体和字形的按钮组。

① 新建一个表单方法见实验步骤（1）。

② 在表单上添加好需要的控件，分别设置它们的属性：

FROM1 的 CAPTION 属性修改为"页框"。

PAGEFRAME1 中的 PAGE1 的 CAPTION 属性为"第 一 页"，PAGE2 的
CAPTION 属性为"第二页"。

LABEL1 的 CAPTION 属性修改为"文字形式"。

在"属性"窗口中选择 PAGE1，此时 PAGEFRAME1 处于编辑状态，如图 1 - 13
- 7 所示，在 PAGE1 上添加 OPTIONGROUP1，设置它的 BUTTONCOUNT 属性为
3，OPTION1 的 CAPTION 属性为"宋体"，OPTION2 的 CAPTION 属性为"黑
体"，OPTION3 的 CAPTION 属性为"隶书"。

在"属性"窗口中选择 PAGE2，在 PAGE2 上添加 OPTIONGROUP2，设置它的
BUTTONCOUNT 属性为 2，OPTION1 的 CAPTION 属性为"斜体"，OPTION2 的
CAPTION 属性为"粗体"。

属性全部设计完毕，如图 1 - 13 - 8 所示。

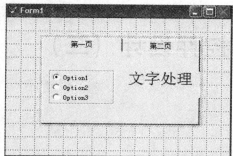

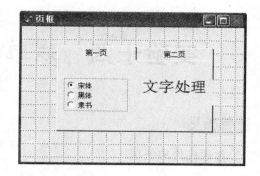

图 1-13-7　PAGEFRAME1 处于编辑状态　　　　图 1-13-8　属性全部修改完毕

③ 编写代码。

在 OPTIONGROUP1 的 CLICK 事件中编写如下代码：

```
DO CASE
    CASE THIS. VALUE = 1
        THISFORM. LABEL1. FONTNAME = "宋体"
    CASE THIS. VALUE = 2
        THISFORM. LABEL1. FONTNAME = "黑体"
    CASE THIS. VALUE = 3
        THISFORM. LABEL1. FONTNAME = "隶书"
ENDCASE
```

在 OPTIONGROUP2 的 CLICK 事件中编写如下代码：

```
DO CASE
    CASE THIS. VALUE = 1
        THISFORM. LABEL1. FONTBOLD = . T.
    CASE THIS. VALUE = 2
        THISFORM. LABEL1. FONTITALIC = . T.
ENDCASE
```

④ 保存表单为"页框.scx"，运行这个表单，结果如图 1-13-9、图 1-13-10 所示。

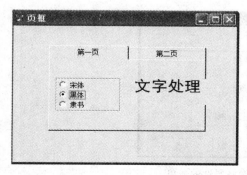

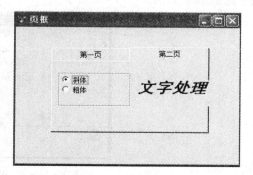

图 1-13-9　"页框.scx"运行结果　　　　图 1-13-10　"页框.scx"运行结果

实验十四　表单与控件设计（三）

实验题目

常用控件的使用

实验目的

掌握常用控件的使用方法，包括组合框、列表框和计时器。

实验内容

创建表单，添加常用控件，设置其属性，编写适当的程序实现相应的功能。

实验步骤

（1）创建一个表单，名字为"时钟.scx"，要求在表单上有一个标签控件，一个文本框控件，两个命令按钮控件，一个计时器控件，要求单击"开始"按钮在文本框中显示当前时间，按"停止"按钮则停止计时。

操作步骤：

① 新建一个表单，方法见前面实验。

② 在表单上添加好需要的控件，分别设置它们的属性：

FROM1 的 CAPTION 属性修改为"时钟"。

LABEL1 的 CAPTION 属性修改为"时间"。

COMMAND1 的 CAPTION 属性修改为"开始"。

COMMAND2 的 CAPTION 属性修改为"停止"。

TIMER1 的 INTERVAL 属性设置为 1000，ENABLED 值设置为".F."。

为了显示清楚可以将 LABEL1 和 TEXT1 的 FONTSIZE 属性设置为 15，全部设置完毕后的表单如图 1-14-1 所示。

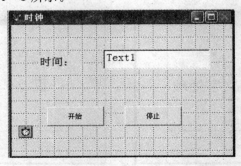

图 1-14-1　设置好属性的表单

③ 编写代码。

在 COMMAND1 的 CLICK 事件中输入以下代码：

```
THISFORM.TIMER1.ENABLED = .T.
```

在 COMMAND2 的 CLICK 事件中输入以下代码：

```
THISFORM.TIMER1.ENABLED = .F.
```

在 TIMER1 的的 TIMER 事件中输入以下代码：

```
THISFORM.TEXT1.REFRESH
THISFORM.TEXT1.VALUE = TIME()
```

④ 保存表单为"时钟.scx"，运行这个表单，结果如图 1-14-2 所示。

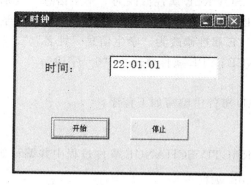

图 1-14-2　"时钟.scx"运行结果

（2）创建一个表单，名字为"列表框.scx"，要求在表单上有 4 个标签控件，3 个文本框控件，1 个命令按钮控件，一个列表框控件，要求表单运行时，将"学生信息"表中的学生姓名自动添加到列表框中，单击其中一人的姓名，则在旁边的三个文本框中分别出现这三个字段的信息，单击"退出"按钮则退出表单，最后的运行结果如图 1-14-3所示。

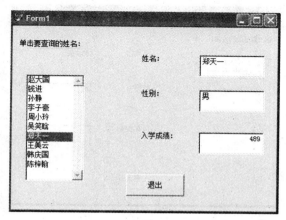

图 1-14-3　"列表框.scx"运行结果

操作步骤：

① 新建一个表单方法如前面实验。

② 在表单上添加好需要的控件，分别设置它们的属性：

FROM1 的 CAPTION 属性修改为"列表框"。

LABEL1 的 CAPTION 属性修改为"单击要查询的姓名："。

LABEL2 的 CAPTION 属性修改为"姓名："。

LABEL3 的 CAPTION 属性修改为"性别："。

LABEL4 的 CAPTION 属性修改为"入学成绩："。

COMMAND1 的 CAPTION 属性修改为"退出"。

TEXT1. CONTROLSOURCE 属性修改为"学生信息．姓名"。

TEXT2. CONTROLSOURCE 属性修改为"学生信息．性别"。

TEXT3. CONTROLSOURCE 属性修改为"学生信息．入学成绩"。

LIST1. ROWSOURCE 属性修改为"学生信息．姓名"。

LIST1. ROWSOURCETYPE 属性修改为"6－字段"。

③ 编写代码。

在 FROM1 的 LOAD 事件中编写如下程序：

```
USE 学生信息
```

在 LIST1 的 INTERACTIVECHANGE 事件过程中并编写如下程序：

```
LOCAT FOR 姓名 = THIS. VALUE
THISFORM. REFRESH
```

在 COMMAND1 的 CLICK 事件中输入以下代码：

```
THISFORM. RELEASE
```

（2）创建一个表单，名字为"组合框．scx"，要求与第 2 个题目一样，将这个题目中的列表框改为组合框，同样完成上题的功能。程序运行如图 1－14－4 所示。

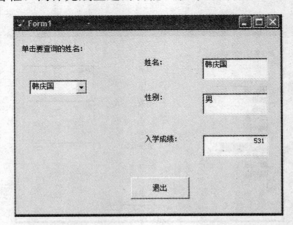

图 1－14－4 "组合框．scx"运行结果

实验十五　菜单的设计

实验题目

创建菜单

实验目的

掌握下拉式菜单的创建方法，学会为顶层表单添加菜单，会建立快捷菜单。

实验内容

首先创建一个下拉式菜单，然后建立一表单，将创建的下拉式菜单与其相关联，最后创建一个快捷菜单。

实验步骤

（1）创建一个名字为"学生信息菜单.mnx"的下拉式菜单，要求菜单栏包含四个主菜单项设置热键，"数据输入（\＜S)"菜单项包含子菜单"姓名"、"成绩"；"数据维护（\＜H)"菜单项包含子菜单"修改"、"删除"；"数据查询（\＜X)"菜单项包含子菜单"按姓名"、"按成绩"；"退出系统（\＜Q)"菜单项无子菜单，设置快捷键"Ctrl＋Q"。

操作步骤：

① 启动 Visual FoxPro，单击"文件"下拉菜单的"新建"命令，在"新建"对话框中的文件类型中选择"菜单"，单击右侧的"新建文件"按钮，如图 1－15－1 所示。

图 1－15－1　"新建"对话框

图 1－15－2　"新建菜单"对话框

② 弹出"新建菜单"对话框，单击左侧的"菜单"按钮，打开"菜单设计器"窗口，在其中输入要求的菜单名称和结果，同时设置热键，如图1-15-3所示。

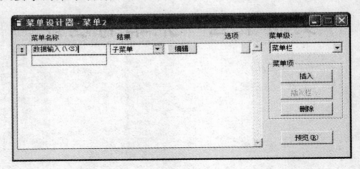

图1-15-3 "菜单设计器"窗口

③ 单击每个菜单项后面的"创建"按钮，进入下一级菜单的设计界面，输入下级菜单的名称，"结果"栏中根据需求为"过程"或者"命令"。如图1-15-4所示为"数据输入"菜单项的下级菜单。

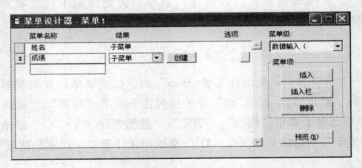

图1-15-4 "数据输入"子菜单

④ 在输入"退出系统（\<Q）"菜单项时，"结果"栏中选择"命令"，后面的表达式内输入"SET SYSMENU TO DEFAULT"，如图1-15-5所示。

图1-15-5 "退出系统"的表达式

⑤ 设置快捷键，在图1-15-5中单击"退出系统"菜单项右侧的选项按钮，打开如图1-15-6所示的"提示选项"对话框，将光标定位在"快捷方式框架"的"键标签"文本框上，在键盘上按下"Ctrl＋Q"键，此时注意变化，"提示选项"对话框中

的变化如图1-15-7所示，此时已经设置好了快捷键。

图1-15-6　"提示选项"对话框　　　　图1-15-7　设置快捷键

⑥ 单击"确定"按钮，关闭"提示选项"对话框。

⑦ 创建完毕，开始保存。单击"保存"命令，将菜单保存为"学生信息菜单.mnx"。

（8）单击"文件"下拉菜单的"生成"命令，弹出"生成菜单"对话框，单击"生成"按钮，生成了菜单程序文件，如图1-15-8所示。

图1-15-8　"生成菜单"对话框

（9）单击"程序"下拉菜单的"运行命令"，运行刚才保存的菜单程序，运行结果如图1-15-9所示。

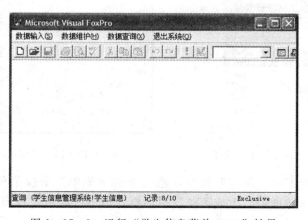

图1-15-9　运行"学生信息菜单.mpr"结果

（2）首先建立一表单"系统主页.scx"，然后将刚才建立的菜单文件与其关联起来，表单如图1-15-10所示。

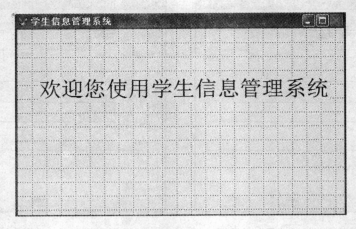

图1-15-10　"系统主页.scx"表单

操作步骤：

① 首先建立一个表单，方法见前面实验所示，将FORM1的Caption属性设置为"学生信息管理系统"，表单上有一个标签，Caption属性设置为"欢迎您使用学生信息管理系统"，将FontSize属性设置为28，并将这个表单保存好。

② 单击"文件"下拉菜单的"打开"命令，将刚才创建的菜单文件"学生信息菜单.mpr"打开。

③ 单击"显示"下拉菜单的"常规选项"命令，如图1-15-11所示。打开"常规选项"对话框，将"顶层表单"复选框选择上，然后单击"确定"按钮，如图1-15-12所示。

图1-15-11　"显示"下拉菜单

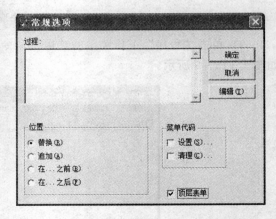

图1-15-12　"常规选项"对话框

④ 单击工具栏上的"保存"按钮，然后单击"菜单"下拉菜单的"生成"命令，弹出和图1-15-8相同的"生成菜单"对话框，单击"确定"按钮，弹出提示框如图1-15-13所示，单击"是"按钮，再次生成"学生信息菜单.mpr"菜单。

图 1-15-13　提示框

⑤ 在表单设计器中在属性窗口中将表单的"ShowWindow"属性值设置为"2－作为顶层表单"。

⑥ 在表单的"Init"事件代码中添加如下代码：

DO 学生信息菜单.MPR WITH THIS,"XXX"

⑦ 在表单的"Destroy"事件代码中添加如下代码：

RELEASE MENU XXX EXTENDED

⑧ 保存表单，运行表单，运行结果如图 1-15-14 所示。

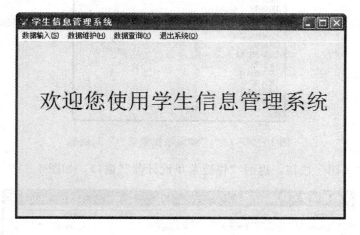

图 1-15-14　运行结果

（3）为刚设计好的表单"系统主页.scx"创建一个快捷菜单名为"快捷菜单"，要求在表单上单击鼠标右键则弹出此快捷菜单。

操作步骤：

① 单击"文件"下拉菜单的"新建"命令，在"新建"对话框中的文件类型中选择"菜单"，单击右侧的"新建文件"按钮，在弹出的"新建菜单"对话框中单击右侧的"快捷菜单"按钮，打开"快捷菜单设计器"窗口如图 1-15-15 所示。

② 单击"快捷菜单设计器"窗口右侧的"插入栏"按钮，打开"插入系统菜单栏"对话框如图 1-15-16 所示。在这里列出了系统提供的各项功能，可以把需要的功能添加到快捷菜单中，单击"插入"按钮，然后再选一项，再单击"插入"按钮，这里我们添加"复制"、"粘贴"、"清除"三个命令。

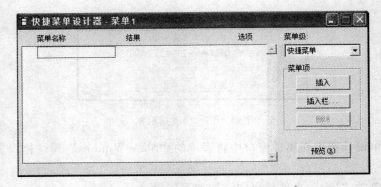

图 1-15-15 "快捷菜单设计器"窗口

图 1-15-16 "插入系统菜单栏"对话框

③ 单击"关闭"按钮,返回"快捷菜单设计器"窗口,如图 1-15-17 所示。

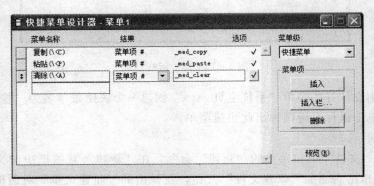

图 1-15-17 添加完毕的"快捷菜单设计器"窗口

④ 保存菜单文件,文件名为"快捷菜单"。

⑤ 单击"菜单"下拉菜单的"生成命令",生成可执行文件"快捷菜单.mpr"。

⑥ 打开表单"系统主页.scx",在代码窗口中,为 Form1 的 RightClick 事件过程中添加如下代码:

DO 快捷菜单.mpr

⑦ 保存并运行表单后，在表单上单击鼠标右键，结果如图 1 − 15 − 18 所示。

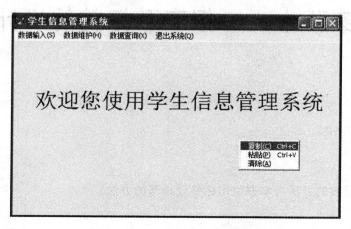

图 1 − 15 − 18 运行结果

实验十六 报表及标签的设计

实验题目

创建报表和标签

实验目的

掌握创建报表的方法，掌握使用标签设计器的方法。

实验内容

创建一个报表，对它进行修改，将创建的下拉式菜单与其相关联，最后创建一个快捷菜单。

实验步骤

（1）根据"学生信息"表的内容，利用报表向导设计一个名为"学生信息报表"的报表。

操作步骤：

① 打开 Visual FoxPro，单击"文件"下拉菜单中的"新建"命令，在"文件类型"选择"报表"，单击右侧的"向导"按钮，如图 1-16-1、图 1-16-2 所示。

② 在打开的"向导选取"对话框中选择"报表向导"，单击"确定"按钮，进入"报表向导"，如图 1-16-3 所示。

图 1-16-1 "新建"对话框

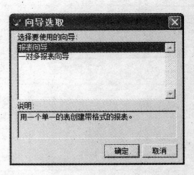

图 1-16-2 "向导选取"对话框

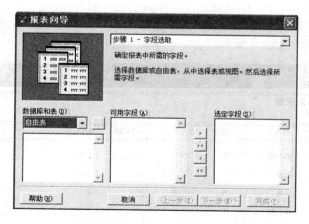

图 1-16-3 "报表向导"步骤一

③ 在"数据库和表"中选择需要的表,并选择需要的字段,如图 1-16-4 所示。

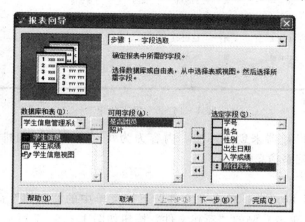

图 1-16-4 字段信息的选取

④ 单击"下一步"按钮,采用默认设置,单击"下一步"按钮一直到步骤 6,如图 1-16-5 所示。

图 1-16-5 完成

⑤ 在"完成"步骤中输入标题"学生信息报表",可以先预览,再单击"完成"按钮,预览结果如图 1 - 16 - 6 所示。

学生信息报表					
02/20/12					
学号	姓名	性别	出生日期	入学成绩	所在院系
010601	赵大国	男	07/25/86	525	工商管理
010612	钱进	男	09/20/86	541	计算机
010221	孙静	女	02/21/85	512	电子
010332	李子豪	男	06/05/87	499	电子
010502	周小玲	女	07/17/86	504	计算机
010408	吴笑晗	女	10/12/85	523	计算机
010718	郑天一	男	11/21/87	489	工商管理
010102	王美云	女	03/15/85	514	机械
010631	韩庆国	男	05/02/86	531	机械
010714	陈梓翰	男	09/16/86	516	电子

图 1 - 16 - 6 报表效果

(2) 利用标签设计器来创建标签,内容为为每个学生考试编排座位,包含姓名、学号、性别和所在院系信息。

操作步骤:

① 打开 Visual FoxPro,单击"文件"下拉菜单中的"新建"命令,在"文件类型"选择"标签",单击右侧的"新建文件"按钮如图 1 - 16 - 7 所示。

② 在"标签设计器"上单击鼠标右键,在弹出的快捷菜单上选择"数据环境",如图 1 - 16 - 8 所示。

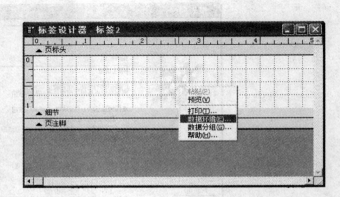

图 1 - 16 - 7 "新建"对话框   图 1 - 16 - 8 "标签设计器"

③ 打开"数据环境设计器",在界面上单击右键,在弹出的快捷菜单上选择"添加",如图1-16-9所示。

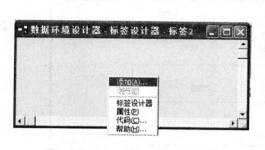 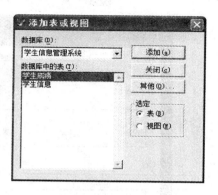

图1-16-9 "数据环境设计器"　　　　图1-16-10 "添加表和视图"

④ 打开"添加表和视图"对话框,如图1-16-10所示,选择"学生信息表",单击"添加"按钮,将它添加进去。

⑤ 将"学生信息表"添加到"数据环境设计器"中,如图1-16-11所示,将需要的字段拖动到"标签设计器"中,结果如图1-16-12所示。

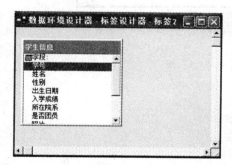

图1-16-11 添加表的结果　　　　图1-16-12 将字段拖动到合适位置

⑥ 利用"报表工具栏"上的控件,将所需部分添加到标签上,如图1-16-13所示。

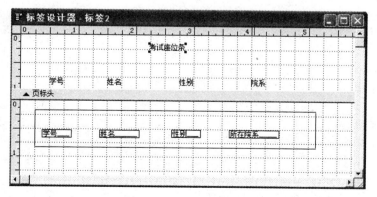

图1-16-13 添加控件

⑦ 设置完毕后，可以单击"显示"下拉菜单中的"预览"命令，查看设计结果，如图 1－16－14 所示最后的设计结果。

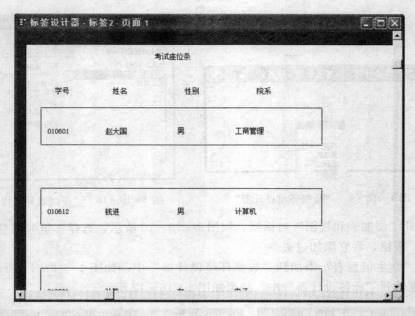

图 1－16－14　预览结果

第二部分
应用设计实例

实例一　图书信息管理系统

　　通过对前面各个实验环节的学习与实践，我们已经对 Visual FoxPro 有了全面的了解，现在我们通过一个实例"图书信息管理系统"，来介绍 Visual FoxPro 数据库应用系统开发的全过程。

一、需求分析

　　现代化的图书管理是一个比较复杂的过程，涉及大量读者信息、图书信息的管理以及借书信息的管理、还书信息管理等。而对数以万计的图书和读者产生的不断变化的借还书信息、图书信息，传统的管理方法已经不能适应现代化管理的需求。因此开发一个系统化、管理化的图书管理系统十分必要，它将大大减轻图书管理的劳动强度。本案例"图书信息管理系统"是一个基于 Visual FoxPro 开发的小型的数据库应用系统，主要完成包括对图书基本情况、图书借阅情况及读者信息情况等的管理。从用户需求的角度分析，系统功能包括以下几方面：

　　（1）完成用户登录和退出功能，新书入库和新读者登记。

　　（2）能够按多种方式对图书进行查询。

　　（3）实现读者的借书和还书登记。

二、系统设计

1. 系统总体结构设计

　　根据图书信息管理系统功能要求，按结构化程序设计原则，进行系统功能模块的划分，完成系统结构图。第一层为系统层，对应主程序；第二层为子系统层，对应主菜单；第三层为功能层，对应菜单项。如图 2-1-1 所示。

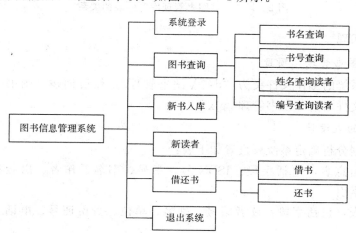

图 2-1-1　"图书信息管理系统"结构图

2. 数据库结构设计

根据需求分析结果以及系统功能要求，建立"图书信息管理系统"所需数据库和各类数据资源如表 2-1-1 所示。

表 2-1-1　图书信息管理系统数据库结构

数据对象	文件名	说明
数据库	图书管理库.dbc	
表	图书信息表.dbf	按书号主索引
	读书表.dbf	按读者号主索引
	密码表.dbf	
	借还书表.dbf	按读者编号普通索引，书号普通索引
联系	图书信息表.dbf 和借还书表.dbf	1：1 关联
	读书表.dbf 和借还书表.dbf	1：n 关联

建立永久关系后的数据库如图 2-1-2 所示。

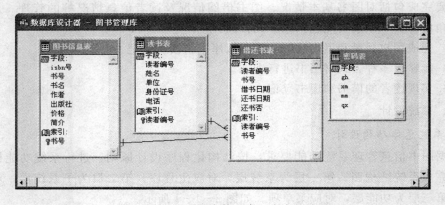

图 2-1-2　"图书管理库"中表的关系

三、系统实现

1. 创建"图书管理"项目

首先创建系统的工作文件夹为"d：\图书管理"，然后创建"图书管理"的项目管理器，项目文件名为"图书管理.pjx"。

2. 数据库的表设计

本实例根据分析确定系统要设置如下表：

（1）图书信息表，包括字段：ISBN 号、书号、书名、作者、出版社、价格、简介。书号为主索引。

（2）读书表，包括字段：读者编号、姓名、单位、身份证号、电话。读者编号为主索引。

（3）借还书表，包括字段：读者编号、书号、借书日期、还书日期、还书否。读者编号为普通索引，书号为普通索引。

各表表结构及记录如图 2-1-3 至图 2-1-5 和表 2-1-2 至表 2-1-4 所示。

表 2-1-2 图书信息表

字段名	类型	宽度	小数位数	索引
ISBN 号	字符型	10		
书号	字符型	5		主索引
书名	字符型	24		
作者	字符型	10		
出版社	字符型	14		
价格	数值型	4	2	
简介	备注型	4		

图书信息表

Isbn号	书号	书名	作者	出版社	价格	简介
ISBN--001	01001	C程序设计（第四版）	谭浩强	清华大学出版社	25.0	Memo
ISBN--002	01002	疯狂Java讲义	李刚	机械工业出版社	35.0	Memo
ISBN--003	02001	失恋33天	鲍鲸鲸	中信出版社	18.0	Memo
ISBN--004	02002	平凡的世界	路遥	北京文艺出版社	25.0	Memo
ISBN--005	03001	幸福了吗	白岩松	长江文艺出版社	21.9	Memo
ISBN--006	03002	海底捞你学不会	黄铁鹰	中信出版社	26.9	Memo

图 2-1-3 “图书信息表”的记录

表 2-1-3 读书表

字段名	类型	宽度	索引
读者编号	字符型	10	主索引
姓名	字符型	10	
单位	字符型	26	
身份证号	字符型	18	
电话	字符型	12	

读书表

读者编号	姓名	单位	身份证号	电话
12011	李浩	同方电子技术有限公司	220110113345578424	868681231
12012	张民心	金士百有限公司	220564326878935795	686834673
12013	陈志奇	理想计算机有限责任公司	220193847568939183	683812345
12014	吴婷玉	白山中学数学部	220394857495849392	476895423

图 2-1-4 “读书表”的记录

表 2-1-4 借还书表

字段名	类型	宽度	索引
读者编号	字符型	10	普通索引
书号	字符型	5	普通索引
借书日期	U 期型	8	
还书日期	H 期型	8	
还书否	逻辑型	1	

图 2-1-5 "读书表"的记录

3. 表单设计

主菜单下的大部分功能都是通过表单来实现的。除了系统的登录界面，所需表单还包括查询图书信息的表单、新书表表单、读书表表单和借还书情况表单等。设计步骤为四步：第一步是新建一个表单，添加相应的控件；第二步是修改控件的属性，在本节中只给出主要控件的属性；第三步是编写相应控件的程序代码；第四步是执行。

（1）创建系统登录表单

表单界面如图 2-1-6 所示。

图 2-1-6 "系统登录"表单

控件属性如表 2-1-5 所示。

表 2-1-5 "系统登录"表单控件属性

控件名	属性名	属性值
Form1	Caption	系统登录
Label1	Caption	用户名
	FontBold	.T.
	FontSize	12
Label2	Caption	密码
	FontBold	.T.
	FontSize	12
Label3	Caption	欢迎使用图书信息管理系统
	FontBold	.T.
	FontSize	15
Command1	Caption	确定
Command2	Caption	退出

程序代码编写如下。

"确定"命令按钮的 Click 事件代码：

```
if a>=3
quit
endif
if allt(thisform.text1.value)=allt("wfy") and allt(thisform.text2.value)=allt("12345")
    messagebox("欢迎您进入本系统！！！")
    set skip of pad a2 of wfy .f.
    set skip of pad a1 of wfy .f.
    set skip of pad a3 of wfy .f.
    set skip of pad a4 of wfy .f.
    set skip of pad a5 of wfy .f.
    set skip of pad a6 of wfy .f.
    set skip of pad a7 of wfy .f.
    set skip of pad a8 of wfy .f.
release thisform
else
```

```
    sele 密码表
    loca for allt(thisform. text1. value) = allt(xm)
    if found()
       if allt(thisform. text2. value) = allt(mm)
         set skip of pad a1 of wfy . f.
         set skip of pad a2 of wfy . f.
         set skip of pad a7 of wfy . f.
          set skip of pad a8 of wfy . f.
           if qx = "1"
 *             set skip of pad a2 of wfy . f.
            set skip of pad a3 of wfy . f.
            set skip of pad a4 of wfy . t.
            set skip of pad a5 of wfy . t.
            set skip of pad a6 of wfy . f.
           else
             if qx = "2"
              set skip of pad a3 of wfy . f.
              set skip of pad a4 of wfy . f.
             set skip of pad a4 of wfy . t.
              set skip of pad a6 of wfy . t.
           else
           if qx = "3"
           set skip of pad a3 of wfy . t.
           set skip of pad a4 of wfy . t.
           set skip of pad a5 of wfy . f.
           set skip of pad a6 of wfy . t.
            endif
          endif
          endif
        release thisform
          else
      a = a + 1
    messagebox("对不起,您输入的用户名或密码错!" + str(a,1) + "次")
    endif
         else
         a = a + 1
         messagebox("对不起,您是非法用户,请您马上离开,否则……" + str(a,1) + "次错误")
         thisform. refresh
         thisform. text1. value = ""
         thisform. text2. value = ""
       endif
       endif
```

"退出"命令按钮的 Click 事件代码：

```
thisform.release
```

（2）创建查询图书信息的表单

查询图书信息所需的表单包括："书名查询"、"书号查询"、"读者姓名查询"、"读者编号查询"。

① 书名查询表单

表单界面如图 2-1-7 所示。

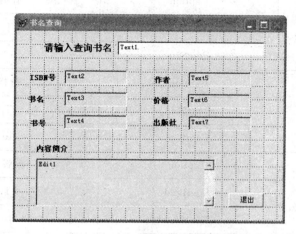

图 2-1-7 "书名查询"表单

控件属性如表 2-1-6 所示。

表 2-1-6 "书名查询"表单控件属性

控件名	属性名	属性值
Form1	Caption	书名查询
Label1	Caption	请输入查询书名
	FontBold	. T.
	FontSize	12
LblIsbnh	Caption	ISBN 号
	FontBold	. T.
	FontSize	10
LblSm	Caption	书名
	FontBold	. T.
	FontSize	10

（续表）

控件名	属性名	属性值
LblSh	Caption	书号
	FontBold	. T.
	FontSize	10
LblZz	Caption	作者
	FontBold	. T.
	FontSize	10
LblJg	Caption	价格
	FontBold	. T.
	FontSize	10
LblCbs	Caption	出版社
	FontBold	. T.
	FontSize	10
LblJj	Caption	内容简介
	FontBold	. T.
	FontSize	10
Text2	ControlSource	图书信息表 . ISBN 号
Text3	ControlSource	图书信息表 . 书名
Text4	ControlSource	图书信息表 . 书号
Text5	ControlSource	图书信息表 . 作者
Text6	ControlSource	图书信息表 . 价格
Text2	ControlSource	图书信息表 . 出版社
Edit1	ControlSource	图书信息表 . 简介
Command1	Caption	退出

程序代码编写如下。

文本框 Text1 的 KeyPress 事件代码：

```
LPARAMETERS nKeyCode, nShiftAltCtrl
```

```
    if nkeycode = 13
    sele 图书信息表
    loca for allt(this. value) = allt(书名)
    if found()
       thisform. text2. value = allt(isbn 号)
       thisform. text3. value = allt(书名)
       thisform. text4. value = allt(书号)
       thisform. text5. value = allt(作者)
       thisform. text6. value = allt(str(价格))
       thisform. text7. value = allt(出版社)
       thisform. edit1. value = 简介
        else
       messagebox("对不起,没有您要查询的书!")
       endif
       endif
    thisform. refresh
```

"退出"命令按钮的 Click 事件代码:

```
    thisform. release
```

② 书号查询表单

表单界面如图 2 - 1 - 8 所示。

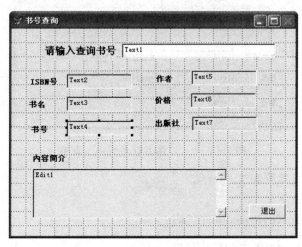

图 2 - 1 - 8 "书号查询"表单

控件属性设置可参照表 2 - 1 - 6。

程序代码编写如下。

文本框 Text1 的 KeyPress 事件代码:

```
    PARAMETERS nKeyCode, nShiftAltCtrl
    if nkeycode = 13
```

```
sele 图书信息表
loca for allt(this.value) = allt(书号)
if found()
  thisform.text2.value = allt(isbn 号)
  thisform.text3.value = allt(书名)
  thisform.text4.value = allt(书号)
  thisform.text5.value = allt(作者)
  thisform.text6.value = allt(str(价格))
  thisform.text7.value = allt(出版社)
  thisform.edit1.value = 简介
  else
  messagebox("对不起,没有您要查询的书!")
  endif
  endif
thisform.refresh
```

"退出"命令按钮的 Click 事件代码:

```
thisform.release
```

③ 读者姓名查询表单

表单界面如图 2-1-9 所示。

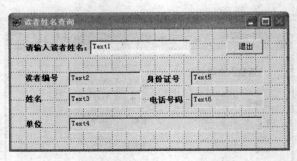

图 2-1-9   "读者姓名查询"表单

控件属性设置可参照表 2-1-6。

程序代码编写如下。

文本框 Text1 的 KeyPress 事件代码:

```
LPARAMETERS nKeyCode, nShiftAltCtrl
if nkeycode = 13
sele 读书表
loca for allt(姓名) = allt(this.value)
if found()
  thisform.text2.value = allt(读者编号)
  thisform.text3.value = allt(姓名)
  thisform.text4.value = allt(单位)
```

```
    thisform. text5. value = allt(身份证号)
    thisform. text6. value = allt(电话)
  else
    messagebox("对不起,没有您要查询的读者!")
  endif
  endif
  thisform. refresh
```

"退出"命令按钮的 Click 事件代码:

```
    thisform. release
```

④ 读者编号查询表单

表单界面如图 2-1-10 所示。

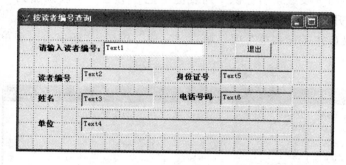

图 2-1-10 "读者编号查询"表单

控件属性设置可参照表 2-1-6。

程序代码编写如下。

文本框 Text1 的 KeyPress 事件代码:

```
  LPARAMETERS nKeyCode, nShiftAltCtrl
  if nkeycode = 13
  sele 读书表
  loca for allt(读者编号) = allt(this. value)
  if found()
    thisform. text2. value = allt(读者编号)
    thisform. text3. value = allt(姓名)
    thisform. text4. value = allt(单位)
    thisform. text5. value = allt(身份证号)
    thisform. text6. value = allt(电话)
  else
    messagebox("对不起,没有您要查询的读者!")
  endif
  endif
  thisform. refresh
```

"退出"命令按钮的 Click 事件代码：

```
thisform. release
```

（3）创建"新书表"表单

① 利用表单向导创建"新书表"。执行"文件"菜单栏中的"新建"命令，在"新建"对话框中选择"表单"项，单击"向导"按钮。在"向导选取"对话框中选择"表单向导"，单击"确定"按钮。

② 在"表单向导"对话框的"数据库和表"列表框中选择"图书信息表"，然后从"可用字段"列表框中将需要的全部字段移到"选定字段"列表框中，单击"下一步"按钮。

③ 选定一种样式—标准式，单击"下一步"按钮。

④ 从"可用的字段或索引识别"列表框中把"书号"字段添加到"选定字段"列表框中，选择"升序"。

⑤ 选择"保存并运行表单"项，单击"完成"按钮。"新书表"表单如图 2-1-11 所示。

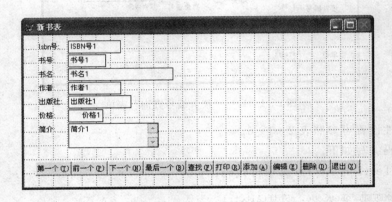

图 2-1-11　"新书表"表单

（4）创建"读书表"表单

①利用表单向导创建"新书表"。执行"文件"菜单栏中的"新建"命令，在"新建"对话框中选择"表单"项，单击"向导"按钮。在"向导选取"对话框中选择"表单向导"，单击"确定"按钮。

②"表单向导"对话框的"数据库和表"列表框中选择"读数表"，然后从"可用字段"列表框中将需要的全部字段移到"选定字段"列表框中，单击"下一步"按钮。

③ 选定一种样式—标准式，单击"下一步"按钮。

④ 从"可用的字段或索引识别"列表框中把"读者编号"字段添加到"选定字段"列表框中，选择"升序"。

⑤ 选择"保存并运行表单"项，单击"完成"按钮。"读数表"表单如图 2-1-12 所示。

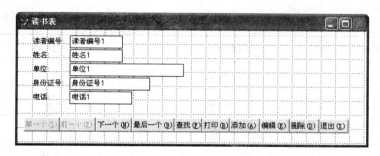

图 2 - 1 - 12　"读书表"表单

（5）创建"借还书"表单

与借还书情况相关的表单包括："借书窗口"、"还书窗口"。各表单的创建如下所示。

①"借书窗口"表

表单界面如图 2 - 1 - 13 所示。

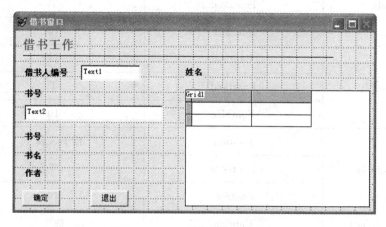

图 2 - 1 - 13　"借书窗口"表单

控件属性如表 2 - 1 - 7 所示

表 2 - 1 - 7　"借书窗口"表单控件属性

控件名	属性名	属性值
Form1	Caption	借书窗口
Label1	Caption	借书工作
	FontBold	. T.
	FontSize	15
Label2	Caption	姓名
	FontBold	. T.
	FontSize	10

（续表）

控件名	属性名	属性值
Label3	Caption	书号
	FontBold	. T.
	FontSize	10
Label4	Caption	书名
	FontBold	. T.
	FontSize	10
Label5	Caption	作者
	FontBold	. T.
	FontSize	10
LblSh	Caption	书号
	FontBold	. T.
	FontSize	10
LblJsrbh	Caption	借书人编号
	FontBold	. T.
	FontSize	10
Command1	Caption	确定
Command2	Caption	退出
Grid1	RecordSourceType	4—SQL 说明

程序代码编写如下。

文本框 Text1 的 KeyPress 事件代码：

```
LPARAMETERS nKeyCode, nShiftAltCtrl
if nkeycode = 13
    sele 读书表
    loca for 读者编号 = allt(this. value)
    if ! foun()
        messagebox("没有此人！借书证号不正确！")
    else
        thisform. label2. caption = "姓名:" + allt(姓名)
        a1 = allt(读者编号)
```

```
        thisform. grid1. recordsource = "select 图书信息表. 书号,图书信息表. isbn 号,图
书信息表. 书名;from 借还书表,图书信息表 where   借还书表. 书号 = 图书信息表. 书号 and 借
还书表. 读者编号 = a1 and！借还;书表. 还书否 into curs zzk"
        thisform. refresh
      endif
    endif
```

文本框 Text2 的 KeyPress 事件代码：

```
    LPARAMETERS nKeyCode, nShiftAltCtrl
    if nkeycode = 13
        sele 图书信息表
        loca for 书号 = allt(this. value)
        if！foun()
            messagebox("没有这本书!")
        else
            thisform. label3. caption = "书号:" + allt(isbn 号)
            thisform. label4. caption = "书名:" + allt(书名)
            thisform. label5. caption = "作者:" + allt(作者)
            thisform. refresh
        endif
    endif
```

"退出" 命令按钮的 Click 事件代码：

```
    thisform. release
```

"确定" 命令按钮的 Click 事件代码：

```
    insert into 借还书表(读者编号,书号,借书日期,还书否);
    values(thisform. text1. value,thisform. text2. value,date(),. f. )
    update sb set zt = . f.  where sh = allt(thisform. text2. value)
    ＊thisform. text1. value = ""
    thisform. text2. value = ""
    ＊thisform. label2. caption = "姓名"
    thisform. label3. caption = "书号"
    thisform. label4. caption = "书名"
    thisform. label5. caption = "作者"
    a1 = allt(thisform. text1. value)
    thisform. grid1. recordsource = "select 图书信息表. 书号,图书信息表. isbn 号,图书信息
表. 书名;
    from 借还书表,图书信息表 where   借还书表. 书号 = 图书信息表. 书号 and 借还书表. 读
者编号;
    = a1 and！借还书表. 还书否 into curs zzk"
    thisform. refresh
```

② "还书窗口" 表

表单界面如图 2-1-14 所示。

图 2-1-14 "还书窗口" 表单

控件属性如表 2-1-8 所示

表 2-1-8 "还书窗口" 表单控件属性

控件名	属性名	属性值
Form1	Caption	还书窗口
Label1	Caption	还书工作
	FontBold	.T.
	FontSize	15
Label2	Caption	书名
	FontBold	.T.
	FontSize	10
Command1	Caption	确定
Command2	Caption	退出

程序代码编写如下。

"确定" 命令按钮的 Click 事件代码：

```
CLOSE ALL
USE 借还书表 IN 0
USE 读书表 IN 0
USE 图书信息表 IN 0
IF LEN(ALLTRIM(thisform. text1. Value))< = 0
    MESSAGEBOX("请输入书号!")
ELSE
```

```
    SELECT 借还书表
    GO top
    LOCATE FOR 借还书表 . 书号 = ALLTRIM(thisform. text1. Value)
    IF FOUND()
            UPDATE 借还书表 SET 还书否 = . t. ,还书日期;
                = date() WHERE 书号 = ALLTRIM(thisform. Text1. Value)
            SELECT 图书信息表
            GO top
            LOCATE FOR 图书信息表 . 书号 = ALLTRIM(thisform. Text1. Value)
            thisform. label3. Caption = "书号:" + 书号
            thisform. label4. Caption = "书名:" + 书名
            thisform. label5. Caption = "作者:" + 作者
            SELECT 借还书表
            GO top
            LOCATE FOR 借还书表 . 书号 = ALLTRIM(thisform. Text1. Value)
            thisform. label6. Caption = "借者:" + 读者编号
    ELSE
            MESSAGEBOX("没有查找的相应的图书!")
            thisform. text1. value = ""
            thisform. text1. setfocus
    ENDIF
Endif
```

"退出"命令按钮的 Click 事件代码：

```
    thisform. release
```

4. 菜单设计

在"项目管理器"窗口的"其他"选项卡中，选择"菜单"项，单击"新建"按钮。打开菜单设计器，设计应用系统菜单。应用系统菜单分成两级，生成的菜单文件为"主菜单.mnx"。

设计应用系统菜单，如图 2 - 1 - 15 所示。

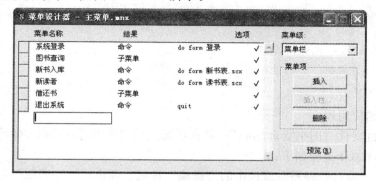

图 2 - 1 - 15　图书信息管理主菜单

设计"图书查询"子菜单，如图 2-1-16 所示。

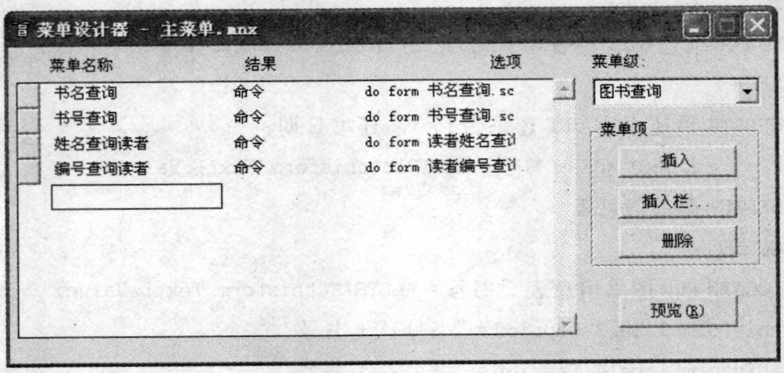

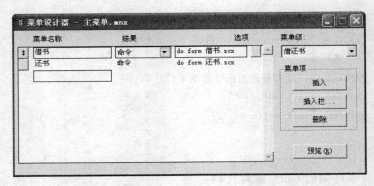

图 2-1-16　"图书查询"子菜单

设计"借还书"子菜单，如图 2-1-17 所示。

图 2-1-17　"借还书"子菜单

5. 应用程序的创建和连编

（1）创建应用程序

在"项目管理器"窗口的"代码"选项卡中，选择"程序"项，单击"新建"按钮。打开程序设计器，设计系统程序。生成的程序文件为"主程序.prg"，代码如下：

```
set talk off
set stat off
clea
set defa to  d:\图书管理
do form 主界面
read even
```

（2）连编应用程序

打开项目文件"图书管理.pjx"，并在连编生成"图书管理系统.exe"文件后运行该程序。具体编译步骤如下：

① 单击"项目管理器"窗口中的"连编"按钮，弹出"连编选项"对话框。

② 在对话框中选择"连编可执行文件"单选项，然后单击"确定"按钮。

③ 在弹出的"另存为"对话框中，选择适当的存储路径，并在"文件名"文本框中输入"图书管理系统"。然后单击"保存"按钮。

6. 运行程序

双击"图书信息管理系统.exe"文件名，即可进入该数据库应用系统主界面。如图 2-1-18 所示。

图 2-1-18　主界面

单击"系统登录"菜单，进入系统登录界面，正确输入用户名和口令，激活应用系统的菜单。其他界面可一一显示。

实例二　教职工信息管理系统

一、需求分析

任何的管理首先是人力资源的管理，学校也是一样。要管理的对象种类繁多，管理工作量大，容易出错，在人事管理中引入计算机管理系统，可以提高工作效率，改善管理情况，使管理工作系统化、科学化，提高整体的管理的水平。"教职工信息管理系统"是一个基于 Visual FoxPro 开发的小型的数据库应用系统，主要完成包括教职工基本情况、教职工工资情况及部门工资情况等的管理。从用户需求的角度分析，系统功能包括以下几方面：

（1）完成用户登录和退出功能。

（2）能够实现教职工基本情况和工资情况的浏览。

（3）实现教职工基本情况和工资情况按姓名和部门的查询。

（4）能够生成工资报表并计算汇总。

二、系统设计

1. 系统总体结构设计

根据教职工信息管理系统功能要求，按结构化程序设计原则，进行系统功能模块的划分，完成系统结构图，第一层为系统层，对应主程序；第二层为子系统层，对应主菜单；第三层为功能层，对应菜单项。如图 2-2-1 所示。

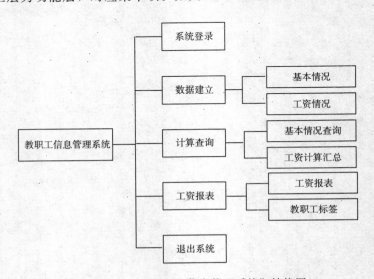

图 2-2-1　"教职工信息管理系统"结构图

2. 数据库结构设计

根据需求分析结果，以及系统功能要求，建立"教职工信息管理系统"所需数据库和各类数据资源，如表 2-2-1 所示。

表 2-2-1 教职工信息管理系统数据库结构

数据对象	文件名	说　明
数据库	教职工信息库.dbc	
表	教职工基本表.dbf	按编号主索引
	教职工工资表.dbf	按部门名称普通索引，编号候选索引
	部门工资表.dbf	按部门名称主索引，部门编号普通索引
联系	教职工基本表.dbf 和教职工工资表.dbf	1：1 关联
	部门工资表.dbf 和教职工工资表.dbf	1：n 关联

建立永久关系后的数据库如图 2-2-2 所示。

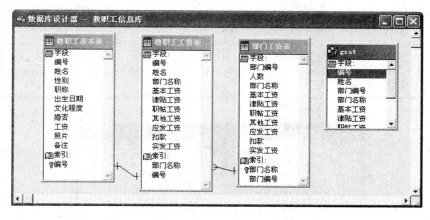

图 2-2-2　"教职工信息库"中表的关系

三、系统实现

1. 创建"教职工信息管理"项目

首先创建系统的工作文件夹为"d：\教职工"，然后创建"教职工信息管理"的项目管理器，项目文件名为"教职工信息管理.pjx"。

2. 数据库中的表设计

本实例根据分析确定系统要设置如下。

（1）教职工基本表，包括字段：编号、姓名、性别、职称、出生日期、文化程度、婚否、工资、照片、备注。编号为主索引。

（2）教职工工资表，包括字段：编号、姓名、部门名称、基本工资、津贴工资、职贴工资、其他工资、应发工资、扣款、实发工资。编号为主索引，部门名称为普通索引。

（3）部门工资表，包括字段：部门编号、人数、部门名称、基本工资、津贴工资、职贴工资、其他工资、应发工资、扣款、实发工资。部门名称为主索引。

各表的表结构及记录如图 2-2-3 至图 2-2-5 和表 2-2-2 至表 2-2-4 所示。

表 2-2-2　教职工基本表

字段名	类型	宽度	小数位数	索引
编号	字符型	5		主索引
姓名	字符型	6		
性别	字符型	2		
职称	字符型	10		
出生日期	日期型	8		
文化程度	字符型	6		
婚否	逻辑型	1		
工资	数值型	6	1	
照片	通用型	4		
备注	备注型	4		

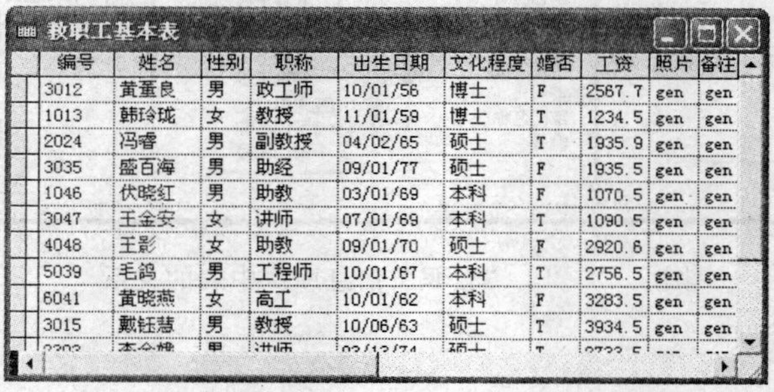
教职工基本表

编号	姓名	性别	职称	出生日期	文化程度	婚否	工资	照片	备注
3012	黄重良	男	政工师	10/01/56	博士	F	2567.7	gen	gen
1013	韩玲珑	女	教授	11/01/59	博士	T	1234.5	gen	gen
2024	冯睿	男	副教授	04/02/65	硕士	T	1935.9	gen	gen
3035	盛百海	男	助经	09/01/77	硕士	F	1935.5	gen	gen
1046	伏晓红	男	助教	03/01/69	本科	F	1070.5	gen	gen
3047	王金安	女	讲师	07/01/69	本科	T	1090.5	gen	gen
4048	王影	女	助教	09/01/70	硕士	F	2920.6	gen	gen
5039	毛鸽	男	工程师	10/01/67	本科	T	2756.5	gen	gen
6041	黄晓燕	女	高工	10/01/62	本科	F	3283.5	gen	gen
3015	戴钰慧	男	教授	10/06/63	硕士	T	3934.5	gen	gen

图 2-2-3　教职工基本表

表 2-2-3　教职工工资表

字段名	类型	宽度	小数位数	索引
编号	字符型	5		主索引
姓名	字符型	6		
部门名称	字符型	2		普通索引
基本工资	数值型	10		

（续表）

字段名	类型	宽度	小数位数	索引
津贴工资	数值型	6	r	
职贴工资	数值型	6	1	
其他工资	数值型	6	1	
应发工资	数俏型	6	1	
扣款	数值型	6	1	
实发工资	数值型	6	1	

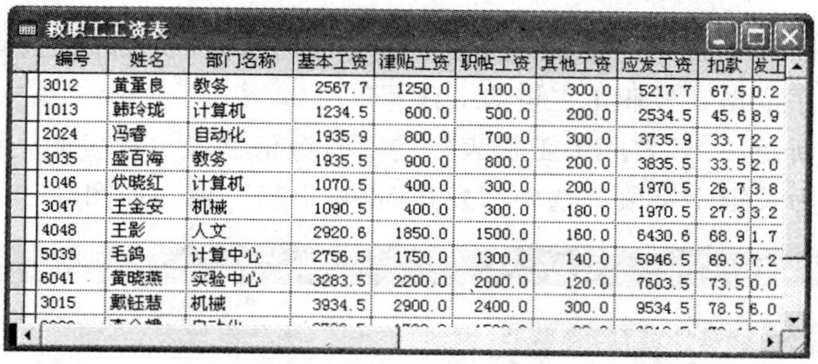

教职工工资表

编号	姓名	部门名称	基本工资	津贴工资	职帖工资	其他工资	应发工资	扣款	发工
3012	黄董良	教务	2567.7	1250.0	1100.0	300.0	5217.7	67.5	0.2
1013	韩玲珑	计算机	1234.5	600.0	500.0	200.0	2534.5	45.6	8.9
2024	冯睿	自动化	1935.9	800.0	700.0	300.0	3735.9	33.7	2.2
3035	盛百海	教务	1935.5	900.0	800.0	200.0	3835.5	33.5	2.0
1046	伏晓红	计算机	1070.5	400.0	300.0	200.0	1970.5	26.7	3.8
3047	王金安	机械	1090.5	400.0	300.0	180.0	1970.5	27.3	3.2
4048	王影	人文	2920.6	1850.0	1500.0	160.0	6430.6	68.9	1.7
5039	毛鸽	计算中心	2756.5	1750.0	1300.0	140.0	5946.5	69.3	7.2
6041	黄晓燕	实验中心	3283.5	2200.0	2000.0	120.0	7603.5	73.5	0.0
3015	戴钰慧	机械	3934.5	2900.0	2400.0	300.0	9534.5	78.5	6.0

图 2-2-4　教职工工资表

表 2-2-4　部门工资表

字段名	类型	宽度	小数位数	索引
部门编号	字符型	5		
人数	数值型	3		
部门名称	字符型	10		主索引
基本工资	数值型	8	1	
津贴工资	数值型	8	1	
职贴工资	数值型	8	1	
其他工资	数值型	8	1	
应发工资	数值型	8	1	
扣款	数值型	8	1	
实发工资	数值型	8	1	

部门编号	人数	部门名称	基本工资	津贴工资	职帖工资	其他工资	应发工资	扣款	实发工资
01	10	教务	21345.5	234445.0	23434.0	45664.0	324888.5	23456.5	301432.0
02	45	计算机	234559.0	645546.0	234498.0	98765.0	1213368	98765.4	1114602.6
03	38	自动化	47653.5	456789.0	84488.0	34545.0	623475.5	38976.5	3702.2
04	59	机械	165432.7	987655.0	49944.0	58554.0	1261586	123457	1138129.2
05	18	人文	19876.4	309876.0	44845.0	58775.0	433372.4	34576.5	398795.9
06	28	计算中心	28798.5	429876.0	57434.0	56565.0	572673.5	24376.5	548297.0
07	32	实验中心	31456.5	434567.0	78888.0	77644.0	622555.5	34576.0	587979.5

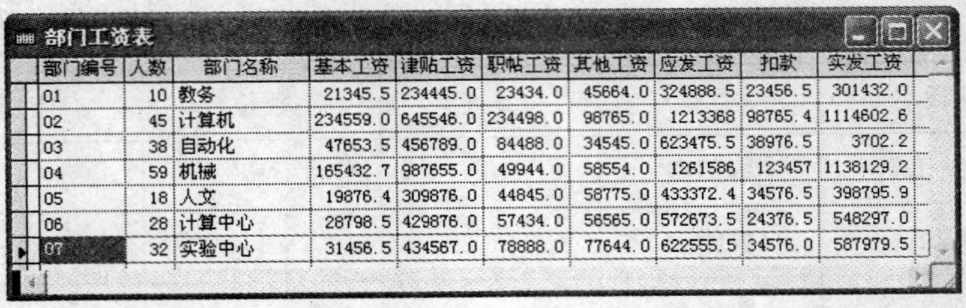

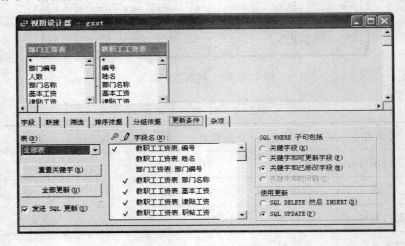

图 2-2-5　部门工资表

3. 视图设计

创建视图的具体步骤如下。

（1）新建视图：在数据环境中加入“教职工工资表”和“部门工资表”。

（2）设计输出字段：“教职工工资表”的所有字段和“部门工资表”的“部门编号”字段。

（3）选取连接条件：LEFT（教职工工资表．部门名称）＝部门工资表．部门名称。

（4）指定排序依据：教职工工资表．编号。

（5）指定更新条件：“教职工工资表”的所有数值字段（实发工资除外）。“教职工工资表．编号”为关键字字段。选中“发送 SQL 更新”项，如图 2-2-6 所示。

图 2-2-6　视图更新条件

（6）生成的 SQL 语句：

```
SELECT 教职工工资表．编号，教职工工资表．姓名，部门工资表．部门编号，；
教职工工资表．部门名称，教职工工资表．基本工资，教职工工资表．津贴工资，；
教职工工资表．职帖工资，教职工工资表．其他工资，教职工工资表．应发工资，；
教职工工资表．扣款，教职工工资表．实发工资；
FROM 教职工信息库！部门工资表 INNER JOIN 教职工信息库！教职工工资表 ；
ON 部门工资表．部门名称 = 教职工工资表．部门名称；
ORDER BY 教职工工资表．部门名；
```

（7）预览视图结果，如图 2-2-7 所示。

(8) 保存视图，名称为 "Gzst"。

图 2-2-7　视图预览结果

3. 表单设计

主菜单下的大部分功能都是通过表单来实现的。除了系统的登录界面，所需表单还包括 "教职工基本情况"、"教职工工资"、"部门工资" 等表单。设计步骤为四步：第一步是新建一个表单，添加相应的控件；第二步是修改控件的属性，在本节中只给出主要控件的属性；第三步是编写相应控件的程序代码；第四步是执行。

（1）创建 "系统登录" 表单

表单界面如图 2-2-8 所示。

图 2-2-8　"系统登录" 表单

控件属性如表 2-2-5 所示。

表 2-2-5　"系统登录" 表单控件属性

控件名	属性名	属性值
Form1	Caption	系统登录
Label1	Caption	用户名
	FontBold	.T.
	FontSize	9
Label2	Caption	密码
	FontBold	.T.
	FontSize	9

（续表）

控件名	属性名	属性值
Label3	Caption	欢迎使用教职工信息管理系统
	FontBold	. T.
	FontSize	15
Command1	Caption	确定
Command2	Caption	退出

编写程序代码。

"确定"命令按钮的 Click 事件代码：

```
If thisform. text1. value = "STU" and thisform. text2. value = "abc123"
DO form 主界面 . scx
thisform. release
else
messagebox("密码或用户名错误",0,"提示")
endif
```

"退出"命令按钮的 Click 事件代码：

```
nAnswer = messagebox("你决定退出系统吗?",4,"提示")
DO CASE
   CASE nAnswer = 6
      thisform. release
   CASE nAnswer = 7
messagebox("请输入用户名和密码",0,"提示")
   ENDCASE
```

（2）创建"教职工基本情况"表单

表单界面如图 2-2-9 所示。

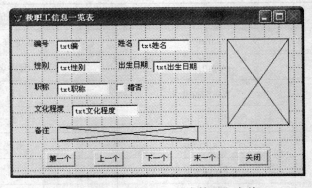

图 2-2-9 "教职工基本情况"表单

控件属性如表 2 - 2 - 6 所示。

表 2 - 2 - 6　"教职工基本情况" 表单控件属性

控件名	属性名	属性值
Form1	Caption	教职工信息一览表
lbl 编号	Caption	编号
lbl 姓名	Caption	姓名
lbl 性别	Caption	性别
lbl 出生日期	Caption	出生日期
lbl 职称	Caption	职称
lbl 文化程度	Caption	文化程度
lbl 备注	Caption	备注
chk 婚否	Caption	婚否
	ControlSource	教职工基本表 . 婚否
Olb 照片	ControlSource	教职工基本表 . 照片
Olb 备注	ControlSource	教职工基本表 . 备注
CommandGroup1	AutoSize	. F.

编写程序代码。

"第一个" 命令按钮的 Click 事件代码：

```
IF . NOT. EOF()
    GO TOP
ENDIF
Thisform. Refresh
```

"上一个" 命令按钮的 Click 事件代码：

```
IF . NOT. EOF()
SKIP - 1
ENDIF
Thisform. Refresh
```

"下一个" 命令按钮的 Click 事件代码：

```
IF . NOT. EOF()
SKIP
ENDIF
Thisform. Refresh
```

"末一个" 命令按钮的 Click 事件代码：

```
IF . NOT. BOF()
    GO BOTTON
ENDIF
Thisform. Refresh
```

"关闭"命令按钮的 Click 事件代码：

```
Release. Thisform
```

（3）创建"教职工工资"表单

表单界面如图 2-2-10 所示。

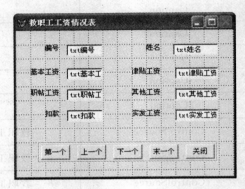

图 2-2-10　"教职工工资"表单

控件属性设置可参照表 2-2-5。

编写程序代码同上。

（4）创建"部门工资"表单

表单界面如图 2-2-11 所示。

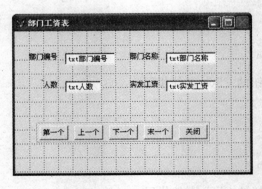

图 2-2-11　"部门工资"表单

控件属性设置可参照表 2-2-5。

编写程序代码同上。

（5）创建"查询表"表单

表单界面如图 2-2-12 所示。

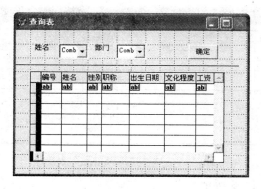

图 2 - 2 - 12　"查询表"表单

控件属性如表 2 - 2 - 7 所示。

表 2 - 2 - 7　"查询表"表单控件属性

控件名	属性名	属性值
Form1	Caption	查询表
lbl 姓名	Caption	姓名
Lbl 部门	Caption	部门
Combo1	RowSource	教职工基本表.姓名
Combo1	RowSource	教职工基本表.部门名称
Grid1	ReadSource	教职工基本表
Command1	Caption	确定

编写程序代码。

"确定"命令按钮的 Click 事件代码：

```
if len(thisform. combo1. Value)＞0
   thisform. grid1. RecordSource = "select * from 教职工基本表;
   where 姓名 = thisform. combo1. Value into cursor t1"
else
   if len(thisform. combo2. Value)＞0
       thisform. grid1. RecordSource = "select * from 部门工资表;
where 部门名称 = thisform. combo2. Value into cursor t2"
   endif
Endif
```

（6）创建"工资信息"表单

表单界面如图 2 - 2 - 13 所示。

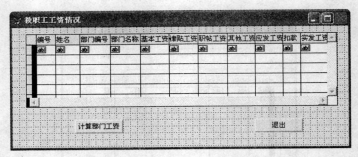

图 2-2-13　"工资信息"表单

控件属性如表 2-2-8 所示。

表 2-2-8　"工资信息"表单控件属性

控件名	属性名	属性值
Form1	Caption	教职工工资情况
Grid1	ReadSource	GZST
Command1	Caption	计算部门工资
Command1	Caption	退出

编写程序代码。

"计算部门工资"命令按钮的 Click 事件代码：

```
do form 部门工资表.scx
    thisform. Refresh
```

"退出"命令按钮的 Click 事件代码：

```
thisform. release
```

4. 菜单设计

在"项目管理器"窗口的"其他"选项卡中，选择"菜单"项，单击"新建"按钮。打开菜单设计器，设计应用系统菜单。应用系统菜单分成两级，生成的菜单文件为"主菜单.mnx"。

设计应用系统菜单，如图 2-2-14 所示。

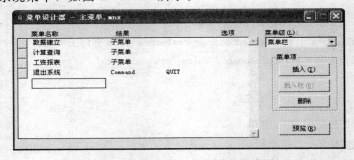

图 2-2-14　教职工信息管理主菜单

设计"数据建立"子菜单，如图 2-2-15 所示。

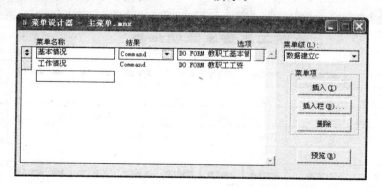

图 2-2-15 "数据建立"子菜单

设计"计算查询"子菜单，如图 2-2-16 所示。

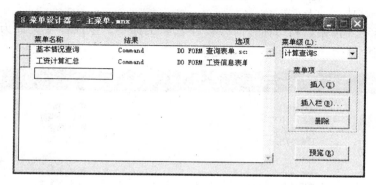

图 2-2-16 "计算查询"子菜单

设计"工资报表"子菜单，如图 2-2-17 所示。

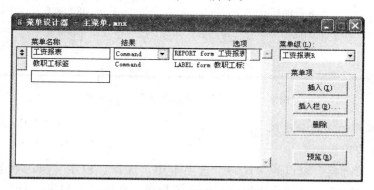

图 2-2-17 "工资报表"子菜单

4. 报表与标签设计

（1）报表设计

单击"新建"按钮，利用报表向导设计工资报表。生成报表文件为"工资报表.frx"。如图 2-2-18 所示。

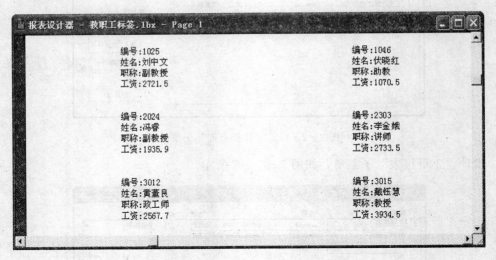

图 2-2-18 "工资报表"生成效果

（2）标签设计

单击"新建"按钮，利用标签向导设计教职工标签。生成标签文件为"教职工标签.lbx"。如图 2-2-19 所示。

图 2-2-19 "教职工标签"生成效果

5. 应用程序的创建和连编

（1）创建应用程序

在"项目管理器"窗口的"代码"选项卡中，选择"程序"项，单击"新建"按钮。打开程序设计器，设计系统程序。生成的程序文件为"主程序.prg"，代码如下：

```
clear
    set talk off
    set date to ymd
    set cent on
    set defa to d:\教职工
```

```
do form 主界面
read events
do reset
```

（2）连编应用程序

打开项目文件"教职工信息管理.pjx"，并在连编生成"教职工信息管理系统.exe"文件后运行。具体编译步骤如下：

① 单击"项目管理器"窗口中的"连编"按钮，弹出"连编选项"对话框。

② 在对话框中选择"连编可执行文件"单选项，然后单击"确定"按钮。

③ 在弹出的"另存为"对话框中，选择适当的存储路径，并在"文件名"文本框中输入"教职工信息管理系统"，然后单击"保存"按钮。

6. 运行程序

双击"教职工信息管理系统.exe"文件名，即可进入该数据库应用系统主界面。如图 2 - 2 - 20 所示。

图 2 - 2 - 20 主界面

单击"系统登录"菜单，进入系统登录界面，正确输入用户名和口令，激活应用系统的菜单。其他界面可一一显示。

第三部分
习题及其参考答案

第三篇

习题及其参考答案

笔试题及其参考答案

（一）数据库系统基础知识

1. 选择题

（1）数据库 DB、数据库系统 DBS、数据库管理系统 DBMS 三者之间的关系是（　　）。

A. DBS 包括 DB 和 DBMS

B. DBMS 包括 DB 和 DBS

C. DB 包括 DBS 和 DBMS

D. DBS 就是 DB，也就是 DBMS

（2）从数据库的整体结构看，数据库系统采用的数据模型有（　　）。

A. 网状模型、链状模型和层次模型

B. 层次模型、网状模型和环状模型

C. 层次模型、网状模型和关系模型

D. 链状模型、关系模型和层次模型

（3）在下述关于数据库系统的叙述中，正确的是（　　）。

A. 数据库中只存在数据项之间的联系

B. 数据库的数据项之间和记录之间都存在联系

C. 数据库的数据项之间无联系，记录之间存在联系

D. 数据库的数据项之间和记录之间都不存在联系

（4）关系数据库的任何检索操作都是由三种基本运算组合而成的，这三种基本运算不包括（　　）。

A. 联结

B. 比较

C. 选择

D. 投影

（5）由（　　）组成的一个整体称为数据库系统。

A. 操作系统、数据库、数据库管理系统、应用程序、硬件和相关人员

B. 操作系统、数据库、数据库管理系统

C. 操作系统、数据库管理系统、应用程序

D. 数据库、数据库管理系统、应用程序、硬件和相关人员

(6) 下列关于数据库优点的描述中，最完整的是(　　)。

A. 可以数据共享

B. 减少数据冗余

C. 提供统一数据控制

D. 以上都对

(7) 关系数据库中的关系必须满足一定的规范化理论，具有一个属性，都是(　　)。

A. 互相关联的

B. 互不相关的

C. 不可分解的

D. 长度可变的

(8) 数据模型应具有的功能是(　　)。

A. 备注型字段

B. 通用和备注型字段

C. 通用型字段

D. 任何类型的字段

(9) 数据库系统的核心是(　　)。

A. 数据库

B. 操作系统

C. 数据库管理系统

D. 文件

(10) 关系是指(　　)。

A. 元组的集合

B. 属性的集合

C. 字段的集合

D. 实例的集合

(11) 使用关系运算对系统进行操作，得到的结果是(　　)。

A. 属性

B. 元组

C. 关系

D. 关系模型

(12) 关于数据库，正确的说法是(　　)。

A. 数据库就是二维关系表

B. 数据库就是表和关系的结合

C. 数据库就是关系

D. 数据库就是数据表格

(13) 按照数据模型划分，Visual FoxPro 应当是(　　)。

A. 层次型数据库管理系统

B. 网状型数据库管理系统

    C. 关系型数据库管理系统

    D. 混合型数据库管理系统

（14）用二维表来表示实体及实体之间联系的数据模型称为（　　）。

    A. 面向对象模型

    B. 关系模型

    C. 层次模型

    D. 网状模型

（15）数据库系统与文件系统最主要的区别是（　　）。

    A. 数据库系统复杂，而文件系统简单

    B. 文件系统不能解决数据冗余和数据独立性问题，而数据库系统可以解决

    C. 文件系统只能管理程序文件，而数据库系统能够管理各种类型的文件

    D. 文件系统管理的数据量少，而数据库系统可以管理庞大的数据量

（16）数据库的结构从逻辑上可以分成外部级、（　　）和内部级等三级。

    A. 物理级

    B. 中间级

    C. 字段

    D. 记录

2. 填空题

（1）数据库管理技术经历了_____、_____和_____三个阶段。

（2）数据是_____。

（3）_____是指以一定的组织形式存放在计算机存储介质上的相互关联的数据的集合。它不仅包含描述事物的数据本身，而且还包括_____。

（4）关系模型是用_____结构来表示_____的模型。

答案：

1. 选择题

（1）～（5）ACBBA

（6）～（10）DBDCA

（11）～（16）CBCBBB

2. 填空题

（1）人工管理　文件系统　数据库系统

（2）指存储某一种媒体上能够识别的物理符号

（3）数据库　相关事物之间的联系

（4）二维表　实体机实体间的联系

（二） Visual FoxPro 操作基础

1. 选择题

（1）退出 Visual FoxPro 的操作方法是（　　）。

    A. 选择"文件"菜单的"退出"命令

    B. 单击"关闭"按钮

    C. 在"命令窗口"中键入"QUIT"，按"Enter"键

    D. 以上方法都可以

（2）下面关于工具栏的叙述，错误的是（　　）。

    A. 可以创建用户自己的工具栏

    B. 可以修改系统提供的工具栏

    C. 可以删除用户创建的工具栏

    D. 可以删除系统提供的工具栏

（3）在"选项"对话框的"文件位置"选项卡里可以设置（　　）。

    A. 表单的默认大小

    B. 默认目录

    C. 日期和时间的显示格式

    D. 程序代码的颜色

（4）Visual FoxPro 数据库管理系统的主要执行文件是（　　）。

    A. FOXPRO. EEE

    B. VISUAL. EEE

    C. VFF. EXE

    D. VFP6. EXE

（5）在 Visual FoxPro 中，除使用菜单方式、命令方式外，进行数据库操作还可以使用方式是（　　）。

    A. 循环

    B. 程序

    C. 内存变量

    D. 字段变量

（6）启动向导的方法是（　　）。

    A. 选择"文件"菜单的"新建"命令，打开"新建"对话框

    B. 选择"工具"菜单的"向导"命令

    C. 单击工具栏上的"向导"按钮

    D. 以上方法都可以

（7）关于菜单和工具栏，错误的叙述是（　　）。

    A. 菜单和工具位中有不少相同的命令

    B. 菜单中的命令工具位中都有

    C. 工具栏中的命令菜单中一般都有

    D. 两者的共同命令执行结果一样

（8）要执行命令窗口中的命令，按回车键执行前，光标必须在（　　　）。

    A. 光标必须在行首

    B. 光标必须在行末

    C. 光标必须在行中

    D. 光标可以在行中任意位置

（9）Visual FoxPro 菜单栏上的各主菜单名拥有的规律是（　　　）

    A. 固定不变

    B. 可根据用户的需要进行自定义

    C. 根据用户选择的对象不同而有所变化

    D. 以上三项都不对

（10）以下有关 Visual FoxPro 工作方式的叙述，正确的是（　　　）。

    A. 只有一种工作方式，即命令方式

    B. 有两种工作方式，即键盘和鼠标方式

    C. 有两种工作方式，即命令和程序方式

    D. 有三种工作方式，即命令和程序、菜单方式

2. 填空题

（1）项目管理器文件的扩展名是_____。

（2）打开"选项"对话框之后，要设置日期和时间的显示格式，应当选择"选项"对话框的_____选项卡。

（3）Visual FoxPro 6.0 的安装文件是_____。

（4）Visual FoxPro 6.0 的默认界面仅包括_____和_____工具栏，显示在菜单栏下面。

（5）Visual FoxPro 6.0 的主程序可执行文件名是_____。

答案：

1. 选择题

（1）～（5）DDBDB

（6）～（10）DBDAD

2. 填空题

（1）.pjx

（2）区域

（3）setup.exe

（4）常用　表单设计器

（5）Vpf6.exe

（三）Visual FoxPro 的数据及其运算

1. 选择题

（1）函数 TYPE（［12］＋［34］）的值为（　　）。

    A. N

    B. C

    C. 1234

    D. 出错信息

（2）设系统日期为 1999 年 12 月 31 日，则表达式 VAL（SUES（"586"，1，1）＋RIGHT（STR（YEAR（DATE（）））, 2））＋1 的计算结果是（　　）。

    A. 800

    B. 5＋1999

    C. 600.00

    D. 出错信息

（3）VAL（"76MONTH"）的值是（　　）。

    A. 7.6

    B. 76month

    C. 76

    D. Month

（4）表达式 VAL（subs（"奔腾 586"，5，1）＊LEN（"Visual FoxPro"）的结果是（　　）。

    A. 62.00

    B. 64.00

    C. 65.00

    D. 66.00

（5）设 n＝888，m＝345，k＝"M＋m"，表达式 l＋& 的值是（　　）。

    A. 1234

    B. 344

    C. l＋m＋n

    D. 数据类型不匹配

（6）在下面的 Visual FoxPro 表达式中，运算结果为逻辑真值的是（　　）。

    A. EMPTY（.NULL.）

    B. LIKE（"acd","ac?"）

    C. AT（"a","123abc"）

    D. EMPTY（SPACE（2））

(7) LEFT（"WELCOME"，3）的值是（   ）。

    A. WEL

    B. WELCOME

    C. LCOME

    D. OME

(8) SQRT（SQRT（81））的值是（   ）。

    A. 9

    B. 18

    C. 3

    D. 81

(9) 设 D＝5＞6，命令? VARTYPE（D）的输出值是（   ）。

    A. L

    B. C

    C. N

    D. D

(10) 在下列函数中，函数值为数值的是（   ）。

    A. EOFO

    B. CTOD（"01/01/96"）

    C. AT（"人民","中华人民共和国"）

    D. SUBSTR（DTOC（DATE）），7）

(11) 连续执行以下命令后，最后一条命令的输出结果是（   ）。

```
SET EXACT OFF
X = "A"
? IIF("A" = x,x - "BCD",x + "BCD")
```

    A. A

    B. BCD

    C. ABCD

    D. ABCD

(12) 函数 LOWER（"ABCDEFGHIJ"）的输出结果是（   ）。

    A. "ABCDEFGHIJ"

    B. "abcdefghij"

    C. "ABCDEfghij"

    D. "abcdeFGHIJ"

(13) 关于 Visual FoxPro 数组的叙述，错误的是（   ）。

    A. 用 DIMENSION 和 DECLARE 都可以定义数组

    B. Visual FoxPro 只支持一维数组和二维数组

    C. 一个数组中各数组元素必须是同一种数据类型

    D. 新定义数组的各个数组元素初值为 .F.

(14) 函数 MOD（－4＊4，－40/4）的值是（　　）。

　　A. －6

　　B. －4

　　C. 4

　　D. 6

(15) STR（109.87，7，3）的值是（　　）。

　　A. 109.87

　　B. "109.87"

　　C. 109.870

　　D. "109.870"

(16) 假设系统当前日期为 2007 年 10 月 15 日，执行下列命令后，输出的数据类型及值是（　　）。

　　A. 字符型 1015

　　B. 日期型 ｛^2007－10－15｝

　　C. 日期型 ｛10/15/2007｝

　　D. 数值型 1015

(17) 在以下四组函数运算中，结果相同的是（　　）。

　　A. LEFT（"Visual FoxPro"，6）与 SUBSTR（"Visual FoxPro"，1，6）

　　B. YEAR（DATE（））与 SUBSTR（DTOC（DATE（））7，2）

　　C. VARTYPE（"36－5＊4"）与 VARTYPE（36－5＊4）

　　D. 假定 A＝"this"，B＝"is a string"，A－B 与 A＋B

(18) Visual FoxPro 函数 INT（RAND（）＊100）的值是在（　　）范围内的整数。

　　A. （0，1）

　　B. （0，100）

　　C. （1，100）

　　D. （0，10）

(19) Visual FoxPro 内存变量的数据类型不包括（　　）。

　　A. 数值型

　　B. 货币型

　　C. 备注型

　　D. 逻辑型

(20) EOF（）是测试函数，当正使用的数据表文件的记录指针已达到尾部，其函数值为（　　）。

　　A. 0

　　B. 1

　　C. T.

　　D. F.

2. 填空题

（1）命令"? ROUND（337.2007，3）"的执行结果是_____。

（2）命令"? LEN（"l2345"）"和"? LEN（12345）"的结果是_____。

（3）常量 .n. 表示的是_____型的数据。

（4）Visual FoxPro 中的数组元素下标从_____开始。

（5）表达式 35％2^3 的运算结果是_____。

（6）表达式 STUFF（"GOODBOY"，5，3，"GIRL"）的运算结果是_____。

（7）? LEN（"+"+"a+b＝c"）的结果是_____。

（8）YEAR（{1999－12－30}）－99 的结果是_____。

答案：

1. 选择题

（1）～（5）AAACA　　（6）～（10）DACAC　　（11）～（15）DBCAC

（16）～（20）AABBC

2. 填空题

（1）337.201　　（2）5，出错信息　　（3）逻辑　　（4）逻辑假 .F.

（5）.F.　　（6）GOODGIRL　　（7）6　　（8）1900

（四）表的操作

1. 选择题

（1）组成数据表的两部分是（　　）。

    A. 字段类型和字段名

    B. 表结构和字段类型

    C. 字段名和字段类型

    D. 表结构和表记录

（2）命令 APPEND BLANK 的功能是（　　）。

    A. 在表文件开始增加一个空记录

    B. 在当前记录前增加一个空记录

    C. 在表文件末尾增加一个空记录

    D. 在当前记录后增加一个空记录

（3）组成表文件的是（　　）。

    A. 文件名、字段名

    B. 字段名、字段类型

　　C. 文件名、字段名和记录

　　D. 文件名、表结构和记录

（4）在 Visual FoxPro 中，打开表文件的命令是（　　）。

　　A. OPEN

　　B. USE

　　C. START

　　D. A、B 都可以

（5）在 Visual FoxPro 中，用户打开一个表后，若要显示其中的记录内容，可使用的命令是（　　）。

　　A. BROWSE

　　B. SHOW

　　C. VIEW

　　D. OPEN

（6）在 Visual FoxPro 中，打开一个指定的表文件时，能够同时自动打开一个相关的文件是（　　）。

　　A. 备注文件

　　B. 文本文件

　　C. 内存变量文件

　　D. 屏幕格式文件

（7）设表中有 14 条记录，当前记录号是 5，执行命令 LIST 后，所显示的记录号范围是（　　）。

　　A. 5～14

　　B. 5～10

　　C. 6～l0

　　D. 6～14

（8）用命令 REPLACE 修改记录的特点是（　　）。

　　A. 批量自动更新

　　B. 不需要分别输入具体的更新内容

　　C. 不进入全屏幕编辑状态

　　D. 以上都对

（9）设表 1 和表 2 的结构相同，若要将表 1 的所有记录添加到表 2 中，应该使用的命令序列为（　　）。

　　A. USE 表 1，APPEND ALL 表 2

　　B. USE 表 2，APPEND AIL 表 1

　　C. USE 表 1，APPEND FROM 表 2

　　D. USE 表 2，APPEND FROM 表 1

（10）要想在一个打开的数据表中彻底删除某些记录，应先后选用的两个命令是（　　）。

    A. DELETE、RECALL

    B. DELETE、PACK

    C. DELETE、ZAP

    D. PACK、DELETE

(11) 创建数据表是，可以给字段规定 NULL 或 NOT NULL 值，NULL 值的含义是(　　)。

    A. 0

    B. 空格

    C. NULL

    D. 不确定

(12) 在"表设计器"中定义字段的类型时，可以定义的类型为(　　)。

    A. 4 种

    B. 9 种

    C. 6 种

    D. 13 种

(13) 在 Visual FoxPro 的数据工作期窗口，使用 SET RELATION TO 命令可以建立两个表之间的关联。这种关联是(　　)。

    A. 永久性关联

    B. 永久性关联或临时性关联

    C. 临时性关联

    D. 永久性管理链和临时性关联

(14) 设某表有 11 条记录，当前记录号为 5，先执行命令 SKIP10，再执行命令? EOF 后显示的结果是(　　)。

    A. 11

    B. .T.

    C. .T.

    D. 出错信息

(15) 设某表有 10 条记录，当前记录号为 1，且无索引文件处于打开状态，若执行命令 SKIP−1 后再执行命令? RECNO () 后屏幕将显示(　　)。

    A. 0

    B. 1

    C. −1

    D. 出错信息

(16) 在建立唯一索引，出现重复字段值时，只存储重复出现记录的(　　)。

    A. 第一个

    B. 最后一个

    C. 全部

    D. 几个

(17) 修改表结构的命令是（　　　）。

    A. MODI COMM

    B. MODI STRU

    C. EDIT

    D. CHANGE

2. 填空题

(1) 设当前打开的数据表中共有 10 条记录，当前记录号是 5，此时若要显示 5、6、7、8 号记录的内容，应使用的命令是_____。

(2) 设打开的图书表文件中有日期型字段"进馆日期"。要显示 1990 年和 1990 年以后进馆的图书记录的命令是_____。

(3) 设有关的数据表文件已经打开，要将当前记录的日期型字段"出生日期"的值改写为 1978 年 10 月 18 日，应使用的命令是_____。

(4) 设当前工作区为 3 号工作区，并且已经在该区打开了 SMR 表，如果要在 2 号工作区再次打开 SUE 表，应使用的命令是_____。

(5) Visual FoxPro 中不允许在主关键字字段中有重复值或_____。

(6) 在定义字段有效性规则中，在规则框中输入的表达式类型是_____。

(7) 打开"选项"对话框之后，要设置日期和时间的显示格式，应当选择"选项"对话框的_____选项卡。

(8) 实现表之间临时联系的命令是_____。

(9) Visual FoxPro 中，索引分为主索引、_____、_____和普通索引。

(10) 创建数据库 RY 后，系统自动生成的三个文件为_____、_____和_____。

答案：

1. 选择题

(1)～(5) DCDBA　　(6)～(10) ADDDB　　(11)～(15) DDCCB

(16)～(17) AB

2. 填空题

(1) LIST　NEXT4（或 DISPLAY　NEXT　4）

(2) LIST　FOR 进馆日期〉＝｛^1990/01/01｝

    （或 DISPLAY　FOR 进馆日期〉＝｛^1990/01/01｝）

    (3) REPLACE 出生日期 WITH ｛^l978/10/18｝

(4) 逻辑假 .F.　　(5) 空值

(6) 逻辑表达式　　(7) 区域

(8) set relation 或 SET RELATION 或 set relation to 或 SET RELATION TO

(9) 候选索引　唯一索引

(10) RY.dbc　RY.dcx　RY.dct

（五）数据库操作

1. 选择题

（1）打开一个数据库的命令是(　　)。

A. ESE

B. USE　DATABASE

C. OPEN

D. OPEN　DATAEASE

（2）为了合理组织数据，应遵从的设计原则是(　　)。

A. "一事一地"的原则，即一个表描述一个实体或实体间的一种联系

B. 表中的字段必须是原始数据和基本数据元素，并避免在表之间出现重复字段

C. 用外部关键字保证盲关联的表之间的联系

D. 以上各条原则都包括

（3）Visual FoxPro 的数据库文件是(　　)。

A. 存放用户数据的文件

B. 管理数据库对象的系统文件

C. 存放用户数据和系统数据的文件

D. 前三种说法都对

（4）要为当前所有职工增加 100 元工资，应该使用命令是(　　)。

A. CHANGE 工资 WITH 工资＋100

B. REPLACE 工资 WITH 工资＋100

C. CHANGE　ALL 工资 WITH 工资＋100

D. REPLACE　ALL 工资 WITH 工资＋100

（5）以下关于自由表的叙述，正确的是(　　)。

A. 全部是用以前版本的 FoxBASE 建立的表

B. 可以用 Visual FoxPro 建立，但是不能把它添加到数据库中

C. 自由表可以添加到数据库中，但数据库表不可以从数据库中移出成为自由表

D. 自由表可以添加到数据库中，数据库表也可以从数据库中移出成为自由表

（6）在 Visual FoxPro 中，可以对字段设置默认值的表是(　　)。

A. 必须是数据库表

B. 必须是自由表

C. 自由表或数据库表

D. 以上都可以

（7）可以链接或嵌入 OLE 对象的字段类型是(　　)。

A. 备注型

B. 适用型和备注型

    C. 通用型

    D. 任何类型

(8) 可以伴随着表的打开而自动打开的索引是( )。

    A. 单一索引文件（IDX）

    B. 复合索引文件（CDX）

    C. 结构化复合索引文件

    D. 非结构化复合索引文件

(9) 在数据库设计器中，建立两个表之间的一对多联系是通过( )实现的。

    A. "一方"表的主索引或候选索引，"多方"表的普通索引

    B. "一方"表的主索引，"多方"表的普通索引或候选索引

    C. "一方"表的普通索引，"多方"表的主索引或候选索引

    D. "一方"表的普通索引，"多方"表的候选索引或普通索引

(10) 若使用 REPLACE 命令时，其范围子句为 ALL 或 REST，则执行该命令后，记录指针指向( )。

    A. 首记录

    B. 末记录

    C. 首记录的前面

    D. 末记录后面

(11) 要想对一个打开的表增加新字段，应当使用命令( )。

    A. APPEND

    B. MODI STRU

    C. INSERT

    D. CHANGE

(12) 下列操作中，不能用 MODIFY　STRUCTURE 命令实现的是( )。

    A. 为表增加字段

    B. 删除表中的某些字段

    C. 对表的字段名进行修改

    D. 对记录数据进行修改

(13) 要删除当前表文件的"代号"字段，应当使用命令( )。

    A. DELETE

    B. REPLACE

    C. ZAP

    D. MODI STRU

(14) 允许记录中出现重复索引值的索引是( )。

    A. 普通索引

    B. 唯一索引

    C. 候选索引

    D. 主索引

（15）影响表记录指针的命令有(　　)。

    A. SEEK

    B. LIST

    C. SKIP

    D. 上述三项

（16）关系数据库中，表与表之间的联系是通过(　　)来实现的。

    A. 实体完整性规则

    B. 参照完整性规则

    C. 用户自定义的完整性

    D. 值域

（17）Visual FoxPro 的参照完整性规则不包括(　　)。

    A. 更新规则

    B. 删除规则

    C. 查询规则

    D. 插入规则

（18）实体完整性规则要求主属性不能取空值，为此，可通过(　　)来保证。

    A. 定义主关键词

    B. 用户定义的完整性

    C. 定义外部键

    D. 关系系统自动定义

（19）将数据库表从数据库移出后，关于该表位置的叙述正确的一项是(　　)。

    A. 移出数据库

    B. 逻辑删除

    C. 放入回收站

    D. 物理删除

（20）在数据库表中，对一字段进行规则设定后，其结果的类型为(　　)

    A. 逻辑

    B. 不定

    C. 数值

    D. 字符

（21）在数据库表中，某字段输入掩码的设定为 9999，则该字段值可以接受的是(　　)

    A. 数值

    B. 字母

    C. 空格

    D. 任何字符

（22）数据库表从数据库中移出去后，对其特征的叙述正确的是(　　)。

    A. 将继续保留其全部特征

    B. 将失去其全部特征，称为自由表

    C. 将保留若干主要特征

    D. 以上三项都不对

2. 填空题

(1) 在表文件中，每个栏目的四个主要参数是＿＿＿、＿＿＿、＿＿＿和＿＿＿。

(2) 建立表结构时，如果选择类型为日期型、逻辑型、备注型、通用型，系统自动给它们的宽度分别赋值为＿＿＿、＿＿＿、＿＿＿、＿＿＿。

(3) 数据库表之间一对多联系通过主表的＿＿＿索引和子表的＿＿＿索引实现。

(4) 表的索引类型有主索引、唯一索引、候选索引和＿＿＿。

(5) 可以为字段建立字段有效性规则的表是＿＿＿。

(6) 永久关系是数据库表之间的关系，在数据库设计器中表现为表索引之间的＿＿＿。

答案：

1. 选择题

(1)～(5) DDDDC　　(6)～(10) ACCAD　　(11)～(15) BDDAA

(16)～(20) BCAAA　　(21)～(22) AB

2. 填空题

(1) 栏目名　栏目类型　栏目宽度和小数　(2) 8　1　4　4

(3) 主关键字、外部关键字　　(4) 普通索引

(5) 数据库表　　(6) 连线

（六）SQL 语言的应用

1. 选择题

(1) SQL 的 SELECT 命令用于建立多个表之间联系的子句为(　　)。

    A. JOIN

    B. FROM

    C. WHERE

    D. GROUP BY

(2) HAVING 子句必须跟在(　　)子句之后。

    A. JOIN

    B. FROM

    C. WHERE

    D. GROUP BY

(3) SQL 语句中条件短语的关键字是(　　)。

   A. WHERE

   B. FOR

   C. WHILE

   D. CONDITION

(4) SQL 语句中修改表结构的命令是(　　)。

   A. MODIFY TABLE

   B. MODIFY STRUCTURE

   C. ALTER TABLE

   D. ALTER DEF

(5) SQL 语句中删除表的命令是(　　)。

   A. DROP TABLE

   B. DELETE TABLE

   C. ERASE　TABLE

   D. DELETE　DEF

(6) (　　)不是 SQL 语句中用于计算检索的函数。

   A. ABS

   B. AVG

   C. MAX

   C. MIN

(7) SQL 查询语言中的 JOIN ON 短语对应于查询设计器中的(　　)。

   A. INTO ARRAY

   B. INTO TABLE

   C. INW CURSOR

   D. TO FILE

(8) 在 SQL 查询时，使用 WHERE 子句指出的是(　　)。

   A. 查询目标

   B. 查询结果

   C. 查询条件

   D. 查询视图

(9) 用 SQL 命令建立查询时，要将查询结果输出到一临时表中，则应使用(　　)子句。

   A. INTO　ARRAY

   B. INTO　TABLE

   C. INTO　CURSOR

   D. TO　FILE

(10) 连接数据库系统的用户对数据库的查询和存储操作使用的语言是(　　)。

   A. 自然语言

   B. 自含语言

C. 数据描述语言

D. 数据操作语言

(11) 向表中插入数据的 SQL 命令是（　　　）。

  A. INSERT

  B. INSERT　INTO

  C. INSERT　IN

  D. INSERT　BEFORE

(12) SQL 语句中删除表中数据的命令是（　　　）。

  A. DROP

  B. CHANGE

  C. ERASE

  D. DELETE

(13) 用于显示部分查询结果的 TOP 子句必须与（　　　）同时使用才有效果。

  A. ORDER BY

  B. FROM

  C. WHERE

  D. GROUP BY

(14) 用 SQL 语句建立表时将属性定义为主关键字，应使用（　　　）子句。

  A. CHECK

  B. PRIMARY KEY

  C. FREE

  D. UNIQUE

(15) 用于更新表中数据的 SQL 命令是（　　　）。

  A. UPDATE

  B. REPLACE

  C. DROP

  D. ALTER

(16) SQL 中用于建立表的命令是（　　　）。

  A. NEW

  B. CREATE

  C. UPDATE

  D. DROP

(17) SQL 中集合的并运算符是（　　　）。

  A. U

  B. AND

  C. ENIQUE

  D. UNION

(18) SQL 的核心是（　　　）。

    A. 数据查询

    B. 数据修改

    C. 数据定义

    D. 数据控制

（19）SQL 命令中使用 LIKE 运算符可以通配姓名中含有"伟"字的字符串可表示为（　　）。

    A. ％伟％

    B. ＊伟

    C. ＊伟＊

    D. ＊伟？？

2. 填空题

（1）在 SQL 查询语言中，空值用＿＿＿＿表示。

（2）SQL 支持集合的并运算，运算符是＿＿＿＿

（3）在 Visual FoxPro 中 SQL DELETE 命令是删除＿＿＿＿记录。

（4）在 SQL SELECT 命令中，用于计算检索的函数有 COUNT、＿＿＿＿、＿＿＿＿、MAX 和 MIN。

（5）SQL SELECT 语句为了将查询结果存放到临时表中，应该使用＿＿＿＿短语。

答案：

1. 选择题

（1）～（5）CDACA　　　（6）～（10）ABCCD　　　（11）～（15）BDABA

（16）～（19）BDAA

2. 填空题

（1）NULL　　（2）UNION　　（3）逻辑　　（4）AVG　SUM

（5）INTO CURSOR

（七）查询与视图设计

1. 选择题

（1）以下关于查询的描述正确的一项是（　　）。

    A. 只能根据数据库表建立查询

    B. 只能根据自由表建立查询

    C. 可以根据数据库表和自由表建立查询

    D. 可以根据数据库表、自由表和视图建立查询

(2) 在 Visual FoxPro 中创建查询时，查询结果的默认输出方向是（　　）。

  A. 浏览窗口

  B. 屏幕

  C. 数据表

  D. 临时表

(3) 在 Visual FoxPro 中创建查询时，可以从源数据表中提取符合指定条件的一组记录，（　　）。

  A. 但不能修改记录

  B. 同时又能更新数据

  C. 但不能设定输出字段

  D. 同时可以修改数据，但不能将修改的内容写回源数据表

(4) 若使用菜单操作方式打开一个已经存在的查询文件 aaa. qpr 时，在命令窗口将自动出现相应的命令是（　　）。

  A. OPEN aaa. qpr

  B. DO　QUERY　aaa. qpr

  C. CREATE　QUERY aaa. qpr

  D. MODIFY　QUERY　aaa. qpr

(5) 下列几项中，不能作为查询输出目标的是（　　）。

  A. 临时表

  B. 视图

  C. 标签

  D. 图形

(6) 下列关于查询结果的输出去向的叙述，正确的是（　　）。

  A. 可以直接输出到打印机

  B. 可以输出到文本文件

  C. 既可以直接输出到打印机，也可以输出到文本文件

  D. 不可以直接输出到打印机．也不可以输出到文本文件

(7) 在下列 4 个同名的 Visual FoxPro 文件中，查询文件是（　　）。

  A. ABC. fpt

  B. ABC. qpr

  C. ABC. mpr

  D. ABC. mem

(8) 在进行多表查询时，只有满足连接条件的记录才能出现在查询结果中，此种连接被称为（　　）。

  A. 左连接

  B. 右连接

  C. 内部连接

  D. 完全连接

(9) 以下关于查询的描述中，正确的是(　　)。

　　A. 只能由自由表创建查询

　　B. 只能由数据库表创建查询

　　C. 只能由一个数据表创建查询

　　D. 可以由各种数据表创建查询

(10) 下列关于查询的叙述中，错误的是(　　)。

　　A. 使用查询设计器可以生成所有的 SQL 命令

　　B. 使用查询设计器生成的 SQL 命令存放在扩展名为 .qpr 的文件中

　　C. 扩展名为 .qpr 的文件实际上是一种特殊的文本文件

　　D. 可以在文字编辑中创建和编辑扩展名为 .qpr 的文件

(11) 关于在 Visual FoxPro 中创建的查询，以下叙述错误的是(　　)。

　　A. 查询的对象可以是数据表，也可以是已有的视图

　　B. 查询文件中的内容是一些用 SQL 命令定义的查询条件与规则

　　C. 执行查询文件与执行该文件包含的 SQL 命令的效果是一样的

　　D. 执行查询文件查询数据表中的数据时，必须事先打开有关的数据表

(12) 下列选项中，不能作为查询结果输出形式的是(　　)。

　　A. 屏幕

　　B. 表

　　C. 临时表

　　D. 视图

(13) 在"查询设计器"窗口中，不包括(　　)选项卡。

　　A. 字段

　　B. 更新条件

　　C. 筛选

　　D. 排序依据

(14) 以下关于查询与视图的说法，错误的是(　　)。

　　A. 查询和视图都可以从一个或多个表中提取数据

　　B. 查询文件是以扩展名 .qpr 存储的文本文件

　　C. 可以通过视图更改数据源表的数据

　　D. 视图是完全独立的，它不依赖于数据库的存在而存在

(15) 关于查询设计器的描述，正确的是(　　)。

　　A. 可以用 CREATE VIEW 命令打开查询设计器建立查询

　　B. 使用查询设计器生成的 SQL 语句存盘后将存放在扩展名为 .qpr 的文件中

　　C. 使用查询设计器可以生成所有的 SQL SELECT 查询语句

　　D. 使用 DO〈查询文件名〉命令执行查询时，查询文件名可以不带扩展名

(16) 在 Visual FoxPro 中，关于查询正确的描述是(　　)。

　　A. 查询是使用查询设计器对数据库进行维护

　　B. 查询是使用查询设计器生成各种复杂的 SQL SELECT 语句

C. 查询是使用查询设计器帮助用户编写 SQL SELECT 命令

D. 使用查询设计器生成的查询程序，与 SQL 语句无关

(17) 在 Visual FoxPro 中，关于查询的正确叙述是(　　)。

A. 查询文件内容与数据库表相同，用来存储筛选后得到的数据

B. 查询文件内容与视图文件内容相同，用来存储筛选后得到的数据

C. 查询所得的数据，可以作为一个新的数据表文件加以保存

D. 查询是从一个或多个数据库表中导出的、用户订制的虚拟表

(18) 在查询设计器中，如果选择查询去向为"表"，则在相应的 SQL SELECT 命令后面增加的短语是(　　)。

A. TO TABLE〈表名 . dbf〉

B. INTO TABLE〈表名 . dbf〉

C. INTO CURSOR〈表名 . dbf〉

D. TO CURSOR〈表名 . dbf〉

(19) 视图不能单独存在，它必须依赖于(　　)而存在。

A. 视图

B. 数据表

C. 查询

D. 数据库

(20) 视图设计器中包括的选项卡有(　　)。

A. 字段、筛选、排序依据、更新条件

B. 字段、条件、分组依据、更新条件

C. 条件、排序依据、分组依据、更新条件

D. 条件、筛选、杂项、更新条件

(21) 在 Visual FoxPro 中，关于建立视图的正确说法是(　　)。

A. 视图可以通过视图设计器建立

B. 视图可以通过 CREATE VIEW〈视图名〉AS〈查询块〉命令建立

C. 视图可以通过 CREATE　TABLE〈视图名〉AS〈查询块〉命令建立

D. A 和 B 都对

(22) 下列关于创建视图的描述中，正确的是(　　)。

A. 只能由自由表创建视图

B. 只能由数据库表创建视图

C. 可以由其他视图创建视图

D. 不能由其他视图创建视图

(23) 下列关于视图的叙述中，正确的是(　　)。

A. 视图是对数据表复制后产生的

B. 视图不能离开数据库而单独存在

C. 视图被删除后，将影响其所依据的数据文件

D. 可用 MODIFY STRUCTURE 命令修改视图的结构

(24) 下列关于查询设计器与视图设计器的叙述，正确的是（　　　）。

    A. 查询设计器有"排序依据"选项卡，也有"更新条件"选项卡

    B. 查询设计器没有"排序依据"选项卡，也没有"更新条件"选项卡

    C. 视图设计器有"排序依据"选项卡，也有"更新条件"选项卡

    D. 视图设计器没有"排序依据"选项卡，也没有"更新条件"选项卡

(25) Visual FoxPro 创建本地视图或远程视图的命令是（　　　）。

    A. CREATE　VIEW

    B. CREATE　SQL　VIEW

    C. CREATE　AS　SELECT

    D. CREATE　SQL　SELECT

(26) 在 Visual FoxPro 中，视图与查询的共同特点是（　　　）。

    A. 都可以作为文件存储

    B. 依赖于数据库而存在

    C. 只能从一个数据表中提取数据

    D. 可以从多个相互关联的数据表中提取数据

2. 填空题

(1) 按照数据源是否放在本地计算机上，Visual FoxPro 的视图可以分为_____和_____两种。

(2) 在 Visual FoxPro 中创建完成的查询是一个独立的_____，而创建完成的视图则是依附于_____而存在的。

(3) 视图与查询最根本的区别就在于查询只能查阅指定的数据，而视图不但可以查阅数据，还可以_____，并把_____送回到源数据表中。

(4) 查询设计器中的"字段"选项卡用于_____；"筛选"选项卡用于_____。

(5) 通过 Visual FoxPro 的视图，不仅可以查询数据库表，还可以_____数据库表。

答案：

1. 选择题

(1)～(5) DAADB　　(6)～(10) CBCDA　　(11)～(15) DDBDB

(16)～(20) CCBDA　　(21)～(26) DCBCBD

2. 填空题

(1) 本地视图　远程视图

(2) 文件　数据库

(3) 更新数据（或修改数据）　更新的结果（或修改的结果）

(4) 指定在查询结果中输出的字段　指定查询的条件

(5) 更新

（八）项目管理器

1. 选择题

(1) 在 Visual FoxPro 中，创建项目的命令是（　　　）。

    A. CREATE PROJECT

    B. CREATE ITEM

    C. NEW ITEM

    D. NEW PROJECT

(2) 在命令窗口中执行（　　　）命令，可以打开 Visual FoxPro 的项目管理器．

    A. OPEN PROJECT

    B. MODIFY FROJECT

    C. CREATE PROJECT

    D. B、C 都可以

(3) 在 Visual FoxPro 中，一个项目对应于一个（　　　）。

    A. 数据表　　　　　　　　B. 数据库

    C. 文档和程序　　　　　　D. 应用程序系统

(4) 在 Visual FoxPro 中，项目文件的扩展名是（　　　）。

    A. . fjx　　　　　　　　　B. . pro

    C. . prj　　　　　　　　　D. . prt

(5) 在项目管理器的"数据"选项卡中不包括（　　　）。

    A. 数据库　　　　　　　　B. 自由表

    C. 表单　　　　　　　　　D. 查询

(6) 在项目管理器的"文档"选项卡用于显示和管理（　　　）。

    A. 数据库、自由表和查询

    B. 数据库、视图和查询

    C. 查询、报表和组图

    D. 表单、报表和标签

(7) 在 Visual FoxPro 中一个项目可以创建（　　　）。

    A. 一个项目文件，集中管理该项目涉及的数据和程序

    B. 两个项目文件，分别管理该项目涉及的数据和程序

    C. 多个项目文件，根据需要设置

    D. 以上几种说法都不对

(8) 项目管理器中包括的选项卡有（　　　）。

    A. 数据选项卡、菜单选项卡和文档选项卡

    B. 数据选项卡、文档选项卡和其他选项卡

    C. 数据选项卡、表单选项卡和类选项卡

D. 数据选项卡、表单选项卡和报表选项卡

(9) 项目管理器中的"关闭"按钮用于（　　　）。

　　A. 关闭项目管理器

　　B. 关闭 Visual FoxPro

　　C. 关闭数据库

　　D. 关闭设计器

(10) 项目管理器中的"运行"按钮可以运行（　　　）。

　　A. 查询

　　B. 程序

　　C. 表单

　　D. 以上都可以

(11) 项目管理器中的"移去"按钮可以将指定的文件或对象（　　　）。

　　A. 移到指定的文件夹

　　B. 从磁盘上删除

　　C. 移至另一个项目

　　D. 以上都可以

(12) 在项目管理器中不可以设置为主文件的是（　　　）。

　　A. 数据库文件

　　B. 菜单文件

　　C. 表单文件

　　D. 查询文件

(13) 如果主文件是一个程序，最好在该程序中包含启动事件循环的命令（　　　）。

　　A. OPEN　ENENTS

　　B. START　EVENTS

　　C. READ　EVENTS

　　D. PLAY　EVENTS

(14) 在项目管理器中可以将项目连编成扩展名为（　　　）的应用程序文件或扩展名为 .exe 的可执行文件。

　　A. .app

　　B. .prg

　　C. .sys

　　D. .prj

(15) 在项目管理器中的文件以两种状态存在，通常在进行项目连编前应该将表单、查询、菜单等文件设置为（　　　）状态。

　　A. 包含

　　B. 自动

　　C. 排除

　　D. 以上都不对

2. 填空题

(1) Visual FoxPro 的项目文件的扩展名是_____。

(2) Visual FoxPro 打开项目文件的命令是_____。

(3) 用户可以在项目管理器中_____数据库、表单、报表和查询等文件，也可以将已有的这些文件_____。

(4) 项目管理器中的"关闭"命令按钮用于关闭一个_____。

(5) 项目管理器中有"_____"、"_____"、"_____"、"类"、"代码"和"其他"共 6 张选项卡。

(6) 表单和报表等在项目管理器中的_____选项卡下进行管理。

(7) 项目管理器的_____选项卡用于显示和管理数据库、自由表和查询等。

(8) 扩展名为 .FRG 的程序文件在项目管理器的_____选项卡中显示和管理。

(9) 在项目管理器中，"打开"、"关闭"、"_____"和"_____"按钮实际上是同一个按钮，根据所选择文件的不同，按钮上显示的文字也不同。

(10) 事实上，项目管理器中的每一个文件都是_____，我们说某个项目包含某个文件只是表示该文件与项目建立了一种_____。

(11) 项目管理器中的"移去"按钮有不同的两个功能，一是把选定的文件_____，二是_____。

(12) 项目管理器中的"连编"按钮主要有两个功能，一是把项目编译成扩展名为_____的应用程序文件或扩展名为_____的可执行文件，二是_____。

(13) 每个项目必须有一个主文件，主文件是应用程序的_____，_____、_____、查询和程序都可以设置为应用程序的主文件。

(14) 在项目管理器中的各种文件可以设置为两种不同的状态，对于连编之后不允许用户修改的文件应设置为_____状态；而对于连编之后仍允许修改的文件应设置为_____状态。

(15) 在项目管理器中，设置为_____状态的文件在连编时并不被编译进应用程序中，并且在该文件名之前有一个_____。

答案：

1. 选择题

(1)～(5) ADDAC   (6)～(10) DABCD   (11)～(15) BACAA

2. 填空题

(1) pjx 或 .pjx (2) MODIFY (3) 新建和修改（或创建和修改）

(4) 数据库 (5) 全部 数据 文档 (6) 文档 (7) 数据

(8) 代码 (9) 运行 预览 (10) 独立存在的 关联（或联系）

(11) 从项目中移去 在移去文件的同时从硬盘上删除这个文件

(12) .app .exe 检查项目的完整性 (13) 执行起始点 菜单 表单

(14) 包含 排除 (15) 排除 带斜杠的圆圈

（九）结构化程序设计

1. 选择题

（1）可以接受数值型常量的输入命令是（   ）。

    A. WAIT

    B. ACCEPT

    C. INPUT

    D. @···SAY

（2）下列各选项有助于 Visual FoxPro 程序编写和调试的下拉菜单是（   ）。

    A. 运行

    B. 文本

    C. 程序

    D. 数据

（3）&&可以标记注释的开始，&&的位置是（   ）。

    A. 必须在一行的开始

    B. 必须在一行的结尾

    C. 可以在一行的任意位置

    D. 必须在一行的中间

（4）在命令窗口中执行 MODIFY FILE 命令，可以编辑（   ）。

    A. 系统文件

    B. 文本文件

    C. 可执行文件

    D. 批处理文件

（5）Visual FoxPro 编辑器操作中，用字符键输入文本，删除光标右侧字符的键是（   ）。

    A. Backspace

    B. Del

    C. Shift

    D. Ctrl

（6）下面关于 MODI COMMAND *.prg 命令的正确解释是（   ）。

    A. 所编辑的文件名是 *.prg

    B. 是个错误命令

    C. 打开一组扩展名为 .prg 的文件

    D. 打开的文件名为 *.prg

（7）在 Visual FoxPro 下拉菜单中，选择选项后，屏幕上会出现对话框的是（   ）。

    A. 调试

    B. 全部选定

    C. 新建

    D. 关闭

（8）要关闭 Visual FoxPro 中的命令窗口，应该选择"窗口"下拉菜单中的(　　)选项。

    A. 清除

    B. 视图

    C. 隐藏

    D. 命令窗口

（9）在 Visual FoxPro 中，如果要切换到命令窗口，可以(　　)。

    A. 从"文件"菜单中，选择"打开"

    B. 从"数据库"菜单中，选择"标签"

    C. 从"窗口"菜单中，选择"命令窗口"

    D. 从"程序"中选择"跟踪"

（10）在 Visual FoxPro 中，如果要切换到命令窗口，可以按(　　)键。

    A. Ctrl＋F1

    B. Ctrl＋F2

    C. Ctrl＋F3

    D. Ctrl＋F4

（11）在 Visual FoxPro 中，用于建立或修改过程文件的命令是(　　)。

    A. MODIFY＜文件名＞

    B. MODIFY COMMAND＜文件名＞

    C. MODIFY PROCEDURE＜文件名＞

    D. B 和 C 都对

（12）结构化程序设计的三种基本逻辑结构是(　　)。

    A. 选择结构、循环结构和嵌套结构

    B. 顺序结构、选择结构和循环结构

    C. 选择结构、循环结构和模块结构

    D. 顺序结构、递归结构和循环结构

（13）在 DO WHILE…ENDDO 循环结构中，LOOP 命令的作用是(　　)。

    A. 退出过程，返回程序开始处

    B. 转移到 DO WHILE 语句行，开始下一个判断和循环

    C. 终止循环，将控制转移到本循环结构 ENDDO 后面的第一条语句继续执行

    D. 终止程序执行

（14）能在整个应用程序中起作用的变量是(　　)。

    A. 局部变量

    B. 全局变量

    C. 私有变量

    D. 区域变量

(15) 将内存变量定义为全局变量的 VFP 命令是（   ）。

    A. LOCAL   B. PRIVATE

    C. PUBLIC   D. GLOBAL

(16) 在 Visual FoxPro 中，如果希望一个内存变量只限于在本过程中使用，说明这种内存变量的命令是（   ）。

    A. PRIVATE

    B. PUBLIC

    C. LOCAL

    D. 在程序中直接使用的内存变量（不通过上面 A、B、C 说明）

(17) 下面关于过程调用的叙述中，正确的是（   ）。

    A. 实参与形参的数量必须相等

    B. 当实参的数量多于形参的数量时，多余的实参忽略

    C. 当形参的数量多于实参的数量时，多余的形参取逻辑假

    D. B 和 C 都对

(18) 在 Visual FoxPro 中，关于过程调用的叙述，正确的是（   ）。

    A. 当实参的数量少于形参的数量时，多余的形参初值取逻辑假

    B. 当实参的数量多于形参的数量时，多余的实参被忽略

    C. 实参与形参的数量必须相等

    D. A 和 B 都正确

(19) 连续执行以下命令：

```
SET EXACT OFF
X = "A"
? IIF("A" = X,X - "BCD",X + "BCD")
```

最后一条命令的输出结果是（   ）。

    A. A   B. BCD

    C. ABCD   D. A BCD

2. 填空题

(1) PUBLIC 用于定义_____。在本次 Visual FoxPro 运行期间，所有过程都可以使用这些变量。

(2) Visual FoxPro 根据表达式的_____来确定表达式的类型。

(3) 命题"n 是小于正整数 k 的偶数"用逻辑表达式表达是_____。

答案：

1. 选择题

(1)～(5)　CCCBB　　(6)～(10)　CCCCB　　(11)～(15)　BBBBC

(16)～(19)　CCAC

2. 填空题

(1) 局部变量　(2) 运算符　(3) n$<$k AND n％2＝0

（十）面向对象程序设计

1. 选择题

（1）以下对象为控件类对象的是（　　）。
   A. 标头
   B. 表格列
   C. 页框
   D. 表单集

（2）以下对象为容器类对象的是（　　）。
   A. 命令按钮
   B. 标签
   C. 编辑框
   D. 表单

（3）以下有关容器类对象的描述正确的是（　　）。
   A. 只有表单与表单集是容器类对象，其余都不是
   B. 能包含其他对象，但不可以分别处理这些对象
   C. 能包含其他对象，且可以分别处理这些对象
   D. 只能包含控件类对象的对象

（4）对象的属性是指（　　）。
   A. 对象所具有的性质和特征
   B. 对象所具有的动作
   C. 对象所具有的行为
   D. 对象所具有的继承性

（5）以下关于事件的说法不正确的是（　　）。
   A. 事件是 Visual FoxPro 预先定义好的特定动作
   B. 事件可由用户、系统或用户代码触发
   C. 用户的一个动作可能触发一个或多个事件
   D. 事件可由系统预先定义，也可由用户自己定义

（6）下列关于对象属性、方法、事件的叙述中，正确的是（　　）。
   A. 对象属性集合是固定的、不可扩充的
   B. 对象的方法集合是固定的、不可扩充的
   C. 对象的事件集合是可扩充的
   D. 用户可以对对象的方法代码进行修改、删除与扩充

（7）下列关于属性、方法与事件的叙述中，错误的是（　　）。
   A. 属性用于描述对象的状态，方法用于表示对象的行为

B. 基于同一控件产生的两个对象可以分别设置自己的属性

C. 事件代码可以像方法一样被调用

D. 在新建一个表单时，可以添加新的属性、方法和事件

（8）下列关于数据环境和数据环境中的表的陈述中，正确的是（　　）。

A. 数据环境是对象，数据环境中表不是对象

B. 数据环境不是对象，数据环境中表是对象

C. 数据环境与数据环境中的表都是对象

D. 数据环境与其中的表都不是对象

（9）假定表单包含一个命令按钮，在表单关闭时下列有关事件引发次序的陈述中正确的是（　　）。

A. 先命令按钮的 Init 事件，然后表单的 Init 事件，最后表单的 Load 事件

B. 先表单的 Init 事件，然后命令按钮的 Init 事件，最后表单的 Load 事件

C. 先表单的 Load 事件，然后表单的 Init 事件，最后命令按钮的 Init 事件

D. 先表单的 Load 事件，然后命令按钮的 Init 事件，最后表单的 Init 事件

（10）所有对象都拥有的属性是（　　）。

A. Name

B. Caption

C. Value

D. ControlSource

（11）以下（　　）属性为表格控件的独有属性。

A. Init

B. Enabled

C. Getfocus

D. RecordSource

（12）在以下有关对象焦点的叙述中，正确的是（　　）。

A. 表单上，某个时刻只能有一个对象获得焦点

B. 表单上，一个时刻可以有多个对象获得焦点

C. 表单上的对象都可以获得焦点

D. 要使表单上的对象获得焦点，只有通过选中它来实现

（13）为使表单的背景色为白色，必须设置表单的 BackColor 属性为（　　）。

A. RGB（0，0，0）

B. RGB（255，255，255）

C. RGB（128.128，128）

D. RGB（256，256，256）

（14）为实现表单的刷新，可调用表单的（　　）方法。

A. Refresh

B. Release

C. Cls

D. clear

(15) 表单设计器工具栏的功能是（　　）。

A. 用于调整表单上对象的位置

B. 用于对象的创建

C. 显示或隐藏与表单设计有关的工具栏，数据环境设计器、属性、代码窗口等

D. 用于设置对象的颜色

(16) 表单初运行时，以下（　　）可以实现在表单的文本框对象 Text1 中显示系统当天日期。

A. 在属性窗口中设置 Textl 的 value 属性为：＝DATE

B. 在 Form1 的 Init 事件中输入代码：THISFORM. Text. Value＝DATE（）

C. 在 Textl 的 Init 事件中输入代码：THIS. Value＝DATE（）

D. 以上 A、B、C 均可

(17) 在以下有关表单数据环境的叙述中，正确的是（　　）。

A. 表单数据环境可以是 . dbf 文件

B. 表单数据环境可以是一个视图文件

C. 表单数据环境可以是查询文件

D. 表单数据环境可以是 . dbc 文件

(18) 在以下有关表单上对象定位方法的陈述中，正确的是（　　）。

A. 用鼠标可以使表单上对象任意定位

B. 用键盘箭头键可以使表单上对象任意定位

C. 用布局工具栏可使表单上对象任意定位

D. 设置对象的 WIDTH 与 HEIGHT 属性可以使表单对象任意定位

(19) 创建一个表单，可以使用命令（　　）。

A. CREATE　FORM

B. CREATE　SCREEN

C. CREATE. WINDOW

D. CREATE　PROJECT

(20) 下列对象的引用属于相对引用的是（　　）。

A. Fom1. Combo1

B. Fom1. Command1. Caption

C. ThisformSet. Form1. Name

D. Form1. Name

(21) 假定表单中包含一个命令按钮组 CMG1 和文本框对象 Text1 各一个，如果要在命令按钮组的某命令按钮事件中访问 Textl 的 value 属性，正确的代码是（　　）。

A. THIS, THISFORM, Text1, Value

B. THIS, PARENT, PARENT, Text1, Value

C. PARENT, PARENT, Text1, Value

D. THIS，PARENT，Text1，Value

(22) 假定表单只包含一个命令按钮，在表单关闭时，下列有关事件引发次序的陈述中，正确的是（　　）。

A. 表单的 Destory，表单 Unload，命令按钮 Destory 事件

B. 命令按钮的 Destory，表单 Destory，表单 Unload 事件

C. 表单的 Destory，命令按钮的 Destory，表单的 Unload 事件

D. 表单 Unload，命令按钮的 Destory，表单的 Destory 事件

(23) 打开代码编辑窗口的正确方法是（　　）。

A. 单击该对象

B. 双击该对象

C. 选中对象快捷菜单的代码命令

D. B 与 C 均可

(24) 面向对象程序设计中程序运行的最基本实体是（　　）。

A. 对象

B. 类

C. 方法

D. 函数

(25) 用户在 WF 中创建子类或表单时，不能新建的是（　　）。

A. 属性

B. 方法

C. 事件

D. 事件的代码

(26) 下列对于事件的描述不正确的是（　　）。

A. 事件是有对象识别的一个动作

B. 事件可以由用户的操作产生，也可以由系统产生

C. 如果事件没有与之相关联的处理代码，则对象的事件不会发生

D. 有些事件只能被个别对象所识别，而有些事件可以被大多数对象所识别

(27) 面向对象的程序设计是近年来程序设计方法的主流方式，简称 OOP，下面对于 OOP 的描述错误的是（　　）。

A. OOP 以对象及其数据结构为中心

B. OOP 用对象表现事物，用类表示对象的抽象

C. OOP 用方法表现处理事物的过程

D. OOP 工作的中心是程序代码的编写

(28) 在下面关于面向对象数据库的叙述中错误的是（　　）

A. 每个对象在系统中都有唯一的对象标识

B. 事件作用于对象，对象识别事件，并做出相应反应

C. 一个子类能够继承原有父类的属性和方法

D. 一个父类包括其所有子类的属性和方法

2. 填空题

(1) "OOP" 的中文含义是指_____。

(2) 结构化程序设计采用的是自顶向下、功能分解的方法，对于面向对象程序设计来说，它采用的是_____的方法。

(3) 对于结构化程序设计的方法来说，它的主要缺点是_____。

(4) _____是用类创建对象的函数，括号内的自变量就是一个已有的类名，该函数返回一个_____。

(5) 面向对象的程序设计是通过对类_____和_____等的设计来实现的。

(6) _____定义了对象的特征或某一方面的行为。

(7) 无论是否对事件编程，发生某个操作时，相应的事件都会被_____。

(8) 对象按照它能否包容子对象分为_____两种类型。

答案：

1. 选择题

(1)～(5) ADCAD　　(6)～(10) CDDDA　　(11)～(15) DAAAC

(16)～(20) DABAC　　(21)～(25) BDCAC　　(26)～(28) CDD

2. 填空题

(1) 面向对象程序设计

(2) 自底向上　功能综合

(3) 代码维护困难

(4) Createobject（＜类名＞）　　对象引用

(5) 子类　对象　　(6) 类　　(7) 激活　　(8) 容器类和控件类

（十一）表单设计及应用

1. 选择题

(1) 在 Visual FoxPro 中，表单（Form）是指（　　）。

　　A. 数据库中表的清单

　　B. 一个表中的记录清单

　　C. 数据库查询结果的列表

　　D. 窗口界面

(2) 在表单设计阶段，以下说法不正确的是（　　）。

　　A. 拖动表单上的对象，可以改变该对象在表单上的位置

　　B. 拖动表单上对象的边框，可以改变该对象的大小

    C. 通过设置表单上对象的属性，可以改变对象的大小和位置

    D. 表单上的对象一旦建立，其位置和大小均不能改变

(3) 在 Visual FoxPro 中，创建表单的命令是（　　　）。

    A. CREATE FORM

    B. CREATE ITEM

    C. CREATE SCREEN

    D. NEWFORM

(4) 有关 Visual FoxPro 的表单设计，下述描述中错误的是（　　　）。

    A. 表单是容器类对象

    B. 表格是容器类对象

    C. 选项组是容器类对象

    D. 命令按钮是容器类对象

(5) 对表单 MyForm 进行修改的正确命令是（　　　）。

    A. MODIFY COMMAND MyForm

    B. MODIFY FORM MyForm

    C. DO MyForm

    D. EDIT MyForm

(6) 有关对象的 DblClick 事件，正确的叙述是（　　　）。

    A. 用鼠标双击对象时引发

    B. 用鼠标单击对象时引发

    C. 用鼠标右键单击对象时引发

    D. 用鼠标右键双击对象时引发

(7) 表单的 Caption 属性用于（　　　）。

    A. 指定表单执行的程序

    B. 指定表单的标题

    C. 指定表单是否可用

    D. 指定表单是否可见

(8) 关闭表单的程序代码是 ThisForm. Release，其中的 Release 是表单对象的
（　　　）。

    A. 方法

    B. 属性

    C. 事件

    D. 标题

(9) 新创建的表单默认标题为"Form1"，若要把该表单的标题改变为"表单1"，
应对表单的（　　　）属性进行设置。

    A. Name

    B. Caption

    C. Show

D. Label

(10) 以下关于表单数据环境中的表与表单之间关系，正确的叙述是(   )。

　　A. 当表单运行时，自动打开表单数据环境中的表

　　B. 当表单关闭时，不能自动关闭表单数据环境中的表

　　C. 当表单运行时，表单数据环境中的表处于只读状态，只能显示不能修改

　　D. 以上几种说法都不对

(11) 在 Visual FoxPro 中，下列关于事件的叙述中，错误的是(   )。

　　A. 事件是由系统预先定义好的动作，用户不能进行扩充

　　B. 事件是一种事先定义好的特定动作，可以被用户或系统激活

　　C. 事件是一种事先定义好的特定动作，只能被用户的交互行为激活

　　D. 鼠标的单击、双击、移动和键盘上按键的按下均可激活某个事件

(12) 在创建表单时，创建的对象用于保存不希望用户改动的文本控件是(   )。

　　A. 标签

　　B. 文本框

　　C. 编辑框

　　D. 组合框

(13) 在表单内可以包含的各种控件中，下拉列表框的缺省名称为(   )。

　　A. Combo

　　B. Command

　　C. Check

　　D. Caption

(14) 在 Visual FoxPro 的表单中，可以包括的对象是(   )。

　　A. 任意控件

　　B. 表格

　　C. 页框和任意控件

　　D. 页框、表格和任意控件

(15) 在表单的数据环境中可以包含(   )。

　　A. 自由表

　　B. 数据库表

　　C. 自由表和数据库表

　　D. 自由表、数据库表和视图

(16) 在表单设计器中，如果要在表单的某个命令按钮组中选定一个命令按钮，正确的操作是(   )。

　　A. 双击要选择的命令按钮

　　B. 先单击该命令按钮组，然后单击要选择的命令按钮

　　C. 右键单击命令按钮组并选择"编辑"命令，再单击要选择的命令按钮

　　D. 以上选项 B 和 C 都可以

(17) 在表单运行时，不能在文本框中输入(   )数据。

    A. 数值型

    B. 字符型

    C. 逻辑型

    D. 备注型

（18）在 Visual FoxPro 中，下列名词不属于容器对象的是（　　）。

    A. 表格

    B. 页框

    C. 组合框

    D. 表单

（19）以下有关 Visual FoxPro 表单的叙述中，错误的（　　）。

    A. 所谓表单就是数据表清单

    B. 在表单上可以设置各种控件对象

    C. Visual FoxPro 的表单是一个容器类的对象

    D. 表单可用来设计类似于窗口或对话框的用户界面

（20）关于表单中的"文本框"与"编辑框"的区别，以下所述中正确的（　　）。

    A. 文本框只能用于输入数据，而编辑框只能用于编辑数据

    B. 文本框内容可以是文本、数值等多种数据，而编辑框内容只能是文本数据

    C. 文本框只能用于输入文本，而编辑框可以是其他类型的数据

    D. 文本框允许输入备注型数据，而编辑框只能输入一般的字符数据

2. 填空题

（1）对象和类的特征与行为模式在 Visual FoxPro 中分别定义为_____、_____和_____三大要素。

（2）选定表单中一对象，选择"表单"菜单的"新建属性"命令，可以给_____添加新属性。

（3）建立表单有 3 种方法，它们是向导、设计器、_____。

（4）_____事件在表单中所有对象都创建（即显示）结束后发生。

（5）"表单"菜单中的移除表单命令仅在存在_____时有效。

（6）可以通过表单控件工具栏_____按钮选择一个已经注册的类库。

（7）对于表单中的标签控件，若要使该标签显示指定的文字，应对其_____属性进行设置；若要使指定的文字自动适应标签区域的大小，则应将其_____属性设置为逻辑真值。

（8）用有关的命令或用表单的某个方法均可释放当前运行的表单，前者所用的命令是_____，后者所采用的方法是_____。

（9）向表单中添加控件的方法是：先选定表单控件工具栏中的某个控件按钮，然后_____便可添加一个选定的控件。

（10）编辑框控件与文本框控件的最大区别是，在编辑框中可以输入或编辑_____文本，而在文本框中只能输入或编辑_____文本。

答案：

1. 选择题

(1)～(5) DDADB   (6)～(10) ABABA   (11)～(15) CAADD
(16)～(20) CDCAB

2. 填空题

(1) 属性　事件　方法　　(2) 表单　　(3) 命令　　(4) Init

(5) 表单集　　(6) 查看类　　(7) Caption　AutoSize

(8) RELEASE　ThisForm　ThisForm　Release

(9) 单击表单窗口内的某处　　(10) 多行　一行

（十二）菜单设计及应用

1. 选择题

(1) 有关菜单的创建和修改，下列说法中错误的是（　　）。

　　A. 可以使用 CREATE　MENU〈文件名〉命令创建一个新菜单

　　B. 可以使用 MODIFY　MENU〈文件名〉命令创建一个新菜单

　　C. 可以使用 MODIFY　MENU〈文件名〉命令修改已经创建的菜单

　　D. 可以使用 OPEN　MENU〈文件名〉命令打开并修改已经创建的菜单

(2) 在"菜单设计器"窗口内，"结果"栏的列表框中可供选择的项目包括（　　）。

　　A. 命令、过程、子菜单、函数

　　B. 命令、过程、子菜单、菜单项

　　C. 填充名称、过程、子菜单、快捷键

　　D. 命令、过程、填充名称、函数

(3) 如果要创建一个与 Visual FoxPro 系统菜单类似的菜单系统，可以打开"菜单
设计器"窗口，然后执行"菜单"/（　　）命令。

　　A. 快速菜单

　　B. 系统菜单

　　C. 菜单系统

　　D. A 与 B 都可以

(4) 在菜单设计器中设计菜单时，如果所设计的菜单项的名称为"查询"，为了将
其键盘访问键定义为 Q，则在该菜单的"菜单名称"一栏中应输入（　　）。

　　A. 查询（\＜Q）

　　B. 查询（Ctrl＋Q）

　　C. 查询（AIt＋Q）

D. 查询（Q）

(5) 假设已经生成了名为 mymenu 的菜单，为了执行此菜单应在命令窗口中键入的命令（　　）。

    A. do mymenu

    B. do mymenu. mpr

    C. do mymenu. pjx

    D. do mymenu. mnx

(6) 在"菜单设计器"中不包括的命令按钮（　　）。

    A. 插入

    B. 删除

    C. 生成

    D. 预览

(7) 如果已经为表单建立了快捷菜单程序 mymenu. mpr，调用该快捷菜单的命令代码"DO mymenu. mpr"应该放入该表单的（　　）事件代码中。

    A. Destory

    B. Lnit

    C. Load

    D. RightClick

(8) 以下关于 Visual FoxPro 菜单的叙述，正确的（　　）。

    A. 主菜单不能分组

    B. 主菜单中可以包含快捷菜单

    C. 下拉菜单不能分组

    D. "生成"的菜单才能"预览"

(9) 如果要将 Visual FoxPro 系统菜单中的某个菜单项添加到正在设计中的菜单内，可以单击"菜单设计器"窗口中的（　　）按钮。

    A. 添加

    B. 插入

    C. 插入栏

    D. 系统菜单项

(10) 在使用菜单设计器设计菜单时，如果要为当前的菜单项指定需要相应执行的若干条命令，应在其对应的"结果"栏中选择（　　）。

    A. 填充名称

    B. 子菜单

    C. 命令

    D. 过程

(11) 在使用菜单设计器设计菜单时，如果要使所设计的"文件"菜单项可用"F"作为键盘访问键，可用（　　）定义该菜单项的菜单名称。

    A. 文件（F）

B. 文件（＾F)

C. 文件（＜\F)

D. 文件（\＜F)

(12) 将一个设计完成并预览成功的菜单存盘后却无法执行，其原因通常（　　）。

A. 没有以命令方式执行

B. 没有生成菜单程序

C. 没有放入项目管理器中

D. 没有存入规定的文件目录

(13) 在 Visual FoxPro 中，新建一个菜单不可以使用的方法（　　）。

A. 在项目管理器中创建菜单

B. 使用菜单向导创建菜单

C. 选择系统"文件"菜单中的"新建"命令

D. 在命令窗口使用 CREATE　MENU 命令创建菜单

(14) 运行一个菜单程序，不可以使用的方法（　　）。

A. 在项目管理器中选择该菜单，然后单击"运行"按钮

B. 在命令窗口执行"DO〈菜单程序文件名〉"命令

C. 执行"菜单"/"运行菜单"命令

D. 执行"程序"/"运行"命令

(15) 设计一个菜单最终需要完成的操作（　　）。

A. 生成菜单程序

B. 浏览菜单

C. 创建主菜单和子菜单

D. 指定各菜单项要执行的操作

2. 填空题

(1) 设置启用或废止菜单项是通过菜单设计器中的_____来实现的。

(2) 用菜单设计器设计的菜单文件的扩展名是_____，生成的菜单程序文件扩展名是_____。

(3) 设有一菜单的文件 mymenu. mpr，运行菜单程序的命令是_____

(4) 恢复 Visual FoxPro 系统菜单的命令是_____。

(5) 要将建好的快捷菜单添加到控件上，必须在该控件的_____事件中添加执行菜单文件的代码。

(6) 典型的菜单系统一般是一个下拉式菜单，它由一个_____和一组_____组成。

(7) 在菜单设计的"常规选项"对话框中，用户可以设置菜单的"设置"代码和"_____"代码。

(8) 设计系统菜单可以通过_____完成。

(9) 菜单栏是用于放置菜单的_____。

(10) 快捷菜单与下拉菜单相比，快捷菜单没有_____，只有_____。

（11）在"菜单设计器"中，如果要在主菜单页和子菜单页之间进行切换，可通过_____实现。

答案：

1. 选择题

(1)～(5) DBAAB　　(6)～(10) CDACD　　(11)～(15) DBBCA

2. 填空题

(1) 选项按钮　　(2) .mnx　.mpr　　(3) DO mymenu.mpr

(4) set sysmenu to default　　(5) rightclick　　(6) 条形菜单　弹出式菜单

(7) 清理　　(8) 快速菜单　　(9) 多个菜单项

(10) 条形菜单，弹出式菜单　　(11)"菜单级"下拉列表框

（十三）报表设计及应用

1. 选择题

（1）报表以视图或查询为数据源是为了对输出记录进行（　　）。

　　A. 筛选

　　B. 分组

　　C. 排序和分组

　　D. 筛选、分组和排序

（2）报表标题打印方式为（　　）打印一次。

　　A. 每页

　　B. 每列

　　C. 每个报表

　　D. 每组

（3）在"报表设计器"中可以使用的控件是（　　）。

　　A. 标签、域控件和线条

　　B. 标签、域控件和列表框

　　C. 标签、文本框和列表框

　　D. 布局和数据源

（4）报表的数据源可以是（　　）。

　　A. 自由表或其他报表

　　B. 数据库表、自由表或视图

　　C. 数据库表、自由表或查询

　　D. 表、查询或视图

（5）在创建快速报表时，基本带区包括

    A. 标题、细节和总结

    B. 页标头、细节和页注脚

    C. 组标头、细节和组注脚

    D. 报表标题、细节和页注脚

（6）如果要创建一个数据 3 级分组报表，第一个分组表达式是"部门"，第二个分组表达式是"性别"，第三个分组表达式是"基本工资"，当前索引的索引表达式应当是（　　　）。

    A. 部门＋性别＋基本工资

    B. 部门＋性别＋STR（基本工资）

    C. STR（基本工资）＋性别＋部门

    D. 性别＋部门＋STR（基本工资）

（7）报表文件 .frx 中保存的是（　　　）。

    A. 打印报表的预览格式

    B. 打印报表本身

    C. 报表的格式和数据

    D. 报表设计格式的定义

（8）在报表设计中，打印每条记录的带区是（　　　）。

    A. 标题

    B. 页标头

    C. 细节

    D. 总结

（9）在报表设计中，"学生成绩表"的报表布局类型是（　　　）。

    A. 列表

    B. 行表

    C. 标签

    D. 多列表

（10）在报表设计中，列标题一般在页的（　　　）带区。

    A. 标题

    B. 细节

    C. 页标头

    D. 列标题

（11）在报表设计中，域控件用来表示（　　　）。

    A. 数据源的字段

    B. 变量

    C. 计算结果

    D. 以上所有内容

（12）报表设计器启动后默认的带区有（　　　）个。

  A. 3

  B. 4

  C. 5

  D. 6

（13）报表控件有（ ）

  A. 标签

  B. 预览

  C. 数据源

  D. 布局

（14）报表中（ ）加入图片。

  A. 允许

  B. 不允许

  C. 无法确定

  D. 以上都不对

（15）（ ）不能作为报表的数据源。

  A. 数据库表

  B. 视图

  C. 查询

  D. 自由表

（16）报表允许分组嵌套，最多可有（ ）级分组嵌套。

  A. 15

  B. 25

  C. 20

  D. 10

（17）报表的列注脚是为了表示（ ）。

  A. 总结或统计

  B. 每页总计

  C. 分组数据的计算结果

  D. 总结

（18）常用的报表布局有一对多报表、标签报表及（ ）。

  A. 行报表

  B. 列报表和行报表

  C. 行报表、列报表和多列报表

  D. 以上都不是

（19）Visual FoxPro 提供创建标签的方法有（ ）。

  A. 用向导创建

  B. 用报表设计器创建

  C. 编程创建

  D. 以上都可以

(20) 使用报表带区可对数据在报表中的( )进行控制。

  A. 位置和字体

  B. 次数和格式

  C. 位置和次数

  D. 字体和格式

(21) 在默认状态下，"报表设计器"不显示的带区( )。

  A. 页标头

  B. 细节

  C. 页注脚

  D. 标题

2. 填空题

(1) 设计报表通常包括两部分内容：_____和_____。

(2) 创建电话号码簿等多列表时，需在"_____"对话框中改变列的数目。

(3) 报表标题要通过_____控件定义。

(4) 定义一个标签后，会产生的文件有_____。

(5) 在调整报表带区大小时，不能使带区的高度_____布局中的控件的高度。

(6) 报表创建完成后，打印报表的命令_____。

答案：

1. 选择题

(1)～(5) DCABB   (6)～(10) BDCAC   (11)～(15) DAAAC

(16)～(21) CACDCD

2. 填空题

(1) 数据源 布局   (2) 页面设置   (3) 标签

(4) 标签文件（.frx）和标签备注文件（.frt）

(5) 小于   (6) REPORT FORM

上机模拟试题及其参考答案

上机模拟试题 （一）

一、基本操作题 （共 4 小题，第 1 题和第 2 题各 7 分、第 3 题和第 4 题各 8 分）

1. 在考生文件夹下建立项目 SALES_M。

2. 在新建立的项目中建立数据库 CUST_M。

3. 把自由表 CUST 和 ORDER1 加入到新建立的数据库中。

4. 为确保 ORDER1 表元组唯一，请为 ORDER1 表建立候选索引，索引名为订单编号，索引表达式为订单编号。

二、简单应用 （共 2 小题，每题 20 分，计 40 分）

1. 根据 order1 表和 cust 表建立一个查询 query1，查询出公司所在地是"北京"的所有公司的名称、订单日期、送货方式，要求查询去向是表，表名是 query.dbf，并执行该查询。

2. 建立表单 my_form，表单中有两个命令按钮，按钮的名称分别为 cmdYes 和 cmdNo，标题分别为"登录"和"退出"。

三、综合应用 （计 30 分）

在考生文件夹下有股票管理数据库 stock，数据库中有 stock_sl 表、stock_fk 表，stock_sl 的表结构是股票代码 C（6）、买入价 N（7.2）、现价 N（7.2）、持有数量 N（6）。stock_fk 的表结构是股票代码 C（6），浮亏金额 N（11.2）。

请编写并运行符合下列要求的程序。

设计一个名为 menu_lin 的菜单，菜单中有两个菜单项"计算"和"退出"。程序运行时，单击"计算"菜单项应完成下列操作：

（1）将现价比买入价低的股票信息存入 stock_fk 表，其中，浮亏金额 ＝（买入价－现价）＊持有数量（注意要把先把 stock_fk 表的内容清空）。

（2）根据 stock_fk 表计算总浮亏金额，存入一个新表 stock_z 中，其字段名为浮亏金额，类型为 N（11.2），该表最终只有一条记录。单击"退出"菜单项，程序终止运行。

上机模拟试题（一）参考答案

一、基本操作题

1. 单击"□"按钮，选择"项目"文件类型，单击"新建文件"按钮，在"创建"对话框中输入项目文件名"SALES_M"，单击"保存"按钮即可。

2. 在项目管理器窗口中选择"数据"选项卡下的"数据库"。单击"□"按钮，建立数据库 CUST_M。

3. 在数据库设计器界面上单击右键，选择"添加表"，将自由表 CUST 和 OR-DER1 加入到新建立的数据库中。

4. 在 ORDER1 表上单击右键，打开表设计器，为 ORDER1 创建索引名为"订单编号"，索引表达式为"订单编号"的候选索引。

二、简单应用

1. 在考生文件夹下新建一个查询设计器。将 orderl 和 cust 表添加到查询设计器中，两表之间通过相同的字段"客户编号"建立联系，在"字段"选项卡中按照查询要求依次选择公司名称、订单日期、送货方式，添加到"选定字段"。如图 3-1 所示。在"筛选"标签中，设置筛选条件，如图 3-2 所示。再单击"查询"菜单，建立查询去向表 query.dbf，以 query.qpr 为名保存查询。单击"！"按钮，执行所建立的查询。查询结果如图 3-3 所示。

图 3-1　字段选取对话框

图 3-2　设定筛选条件

图 3-3　查询结果

2. 在考生文件夹下新建一个表单。在表单上添加控件。如图 3-4 所示。控件属性值如表 3-1 所示。将表单保存为 my_form.scx。单击"！"按钮，查看运行效果。如图 3-5 所示。

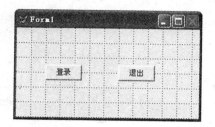

图 3-4 表单设计效果

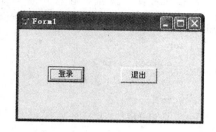

图 3-5 表单运行效果

表 3-1 控件属性值

对象	控件名称	控件属性	属性值
命令按钮	Command1	Caption	cmdYes
			登录
	Command2	Caption	cmdNo
			退出

三、综合应用

在考生文件夹下新建一个菜单，在菜单设计器中添加菜单项，如图 3-6 所示。菜单项属性值如表 3-2 所示。

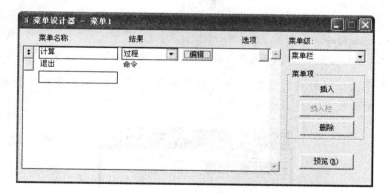

图 3-6 菜单设计器窗口

表 3-2 菜单项属性值

菜单名称	结果	选项
计算	过程	编辑
退出	命令	set sysmenu to default

单击"编辑"按钮，在代码窗口中编写"计算"过程代码，参考代码如下：

```
use stock_fk in 1
zap
use stock_sl in 2
sele stock_sl
scan
    if 现价＜买入价
        sele stock_fk
        append blank
        replace 股票代码 with B-＞股票代码
        replace 浮亏金额 with B-＞持有数量 * (B-＞买入价-B-＞现价)
    endif
    sele stock_sl
endscan
sele sum(浮亏金额)浮亏金额 from stock_fk into table stock_z
```

也可利用 SQL 语句来完成，参考程序：

```
Open data stock
use stock_fk
zap
select 股票代码,(买入价-现价)*持有数量 AS 浮亏金额 form stock_s1 where 买入价＞现价
into table temp
select stock_fk
append form temp
select sum(浮亏金额)AS 浮亏金额 form stock_fk into table stock_z
```

将菜单文件以指定的名称保存在指定的目录中，最后，生成菜单文件的执行程序，文件名默认，运行程序。运行结果如图 3-7 所示。

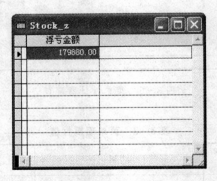

图 3-7　浮亏金额查询结果

上机模拟试题（二）

一、基本操作题（共 4 小题，第 1 题和第 2 题各 7 分、第 3 题和第 4 题各 8 分）

在考生文件夹下的"雇员管理"数据库中完成如下操作：

1. 为"雇员"表增加一个字段名为 email、类型为"字符"、宽度为 20 的字段。

2. 设置"雇员"表中"性别"字段的有效性规则，性别取"男"或"女"，默认值为"女"。

3. 在"雇员"表中，将所有记录的 email 字段值使用"部门号"的字段值加上"雇员号"的字段值再加上"@xxxx.com.cn"进行替换。

4. 通过"部门号"字段建立"雇员"表和"部门"表间的永久联系。

二、简单应用（共 2 小题，每题 20 分，计 40 分）

在考生文件夹下完成如下简单应用：

1. 请修改并执行名称为 form1 的表单，要求如下：

（1）为表单建立数据环境，并将"雇员"表添加到数据环境中。

（2）将表单标题修改为"×××公司雇员信息维护"。

（3）修改命令按钮"刷新日期"的 click 事件下的语句，使用 SQL 的更新命令，将"雇员"表中"日期"字段值更换成当前计算机的日期值。注意：只能在原语句上进行修改，不可以增加语句行。

2. 建立一个名称为 menu1 的菜单，菜单栏有"文件"和"编辑浏览"两个菜单。"文件"菜单下有"打开"、"关闭退出"两个子菜单；"浏览"菜单下有"雇员编辑"、"部门编辑"和"雇员浏览"三个子菜单。

三、综合应用（计 30 分）

在考生文件夹下，对"雇员管理"数据库完成如下综合应用：

1. 建立一个名称为 view1 的视图，查询每个雇员的部门号、部门名、雇员号、姓名、性别、年龄和 email。

2. 设计一个名称为 form2 的表单，表单上设计一个页框，页框有"部门"和"雇员"两个选项卡，在表单的右下角有一个"退出"命令按钮。要求如下：

（1）表单的标题名称为"商品销售数据输入"。

（2）单击选项卡 Page1"部门"时，在选项卡"部门"中使用"表格"方式显示"部门"表中的记录（表格名称为"grd 部门"）。

（3）单击选项卡 Page2"雇员"时，在选项卡"雇员"中使用"表格"方式显示 view1 视图中的记录（表格名称为 grdView1）。

（4）单击"退出"命令按钮时，关闭表单。

上机模拟试题（二）参考答案

一、基本操作题

1. 打开考生文件夹下的数据库文件"雇员管理"，右键单击"雇员"表，在表设计器窗口的"字段"选项卡中添加一个字段"email"，字段类型为字符型，宽度为20。

2. 在表设计器窗口中，选中"性别"字段，在"字段有效性"栏的"规则"框中输入：性别='男' OR 性别='女'，在"默认值"框中输入'女'，关闭表设计器，保存所有的修改。

3. 在命令窗口中输入：replace email with 部门号＋雇员号＋'@xxxx.com.cn' all

4. 在数据库设计器中，将鼠标指针指向"部门"表的"雇员号"索引，按下鼠标左键拖到"雇员"表的"部门号"索引上，松开鼠标，则建立了两个表之间的永久联系。效果如图3-8所示。

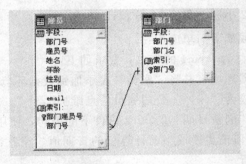

图3-8 建立永久联系

二、简单应用

1. 打开考生文件下的表单文件form1.scx，将"雇员"表，添加到"数据环境设计器"窗口中。如图3-9所示。在属性窗口修改form1的Caption属性为"XXX公司雇员信息维护"，双击"刷新日期"按钮，在代码窗口中将代码：UPDATE ALL 日期WITH DATE（）修改为：UPDATE 雇员 SET 日期＝DATE（）。

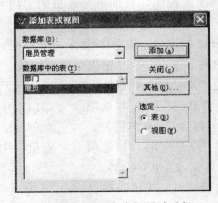

图3-9 添加表或视图对话框

2. 在考生文件夹下新建一个菜单，在菜单设计器中添加菜单项。菜单项属性值如表 3-3 所示。保存设计的菜单，并生成菜单执行文件。执行菜单文件。查看菜单的设计效果。如图 3-10 所示。执行完毕后，在命令窗口中输入"set sysmenu to defa"，恢复系统菜单。

表 3-3 菜单项属性值

分类	菜单名称	结果	选项
主菜单项 1	文件	子菜单	编辑
子菜单 1	打开	子菜单	创建
子菜单 2	关闭	子菜单	创建
主菜单项 1	编辑浏览	子菜单	编辑
子菜单 2	雇员编辑	子菜单	创建
子菜单 2	部门编辑	子菜单	创建
子菜单 2	雇员浏览	子菜单	创建

三、综合应用

1. 考生文件夹下打开数据库文件"雇员管理"，新建一个视图设计器。将"雇员"表和"部门"表添加到"视图设计器"窗口中。在"字段"选项卡中按照要求依将所需要的字段添加到"选定字段"栏中。如图 3-11 所示。保存视图，名为 view1，view1 视图将出现在"数据库设计器"窗口中。如图 3-12 所示。

图 3-10 菜单运行效果

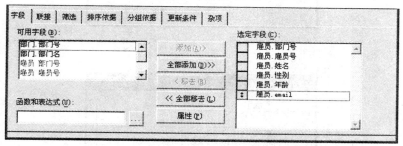

图 3-11 字段选取对话框

2. 在考生文件夹下新建一个表单，在表单上添加控件，控件属性值如表 3-4 所示。分别将"部门"表和"雇员"表从设计器中拖到页框的"部门"选项卡和"雇员"选项卡。如图 3-13 所示。为"退出"按钮控件添加代码"thisform.elease"。保存所设计的表单，并运行表单，运行结果如图 3-14 所示。

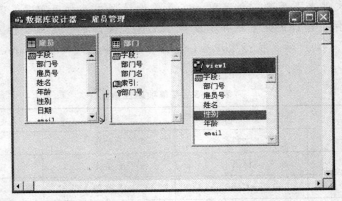

图 3-12 数据库设计器窗口

表 3-4 控件属性值

对象	控件名称	控件属性	属性值
页框控件	Page1 ～Page2	Caption	部门
		Caption	雇员
命令按钮	Command1	Caption	退出

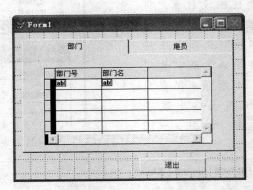

图 3-13 表单设计界面

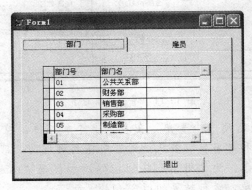

图 3-14 表单运行界面

上机模拟试题（三）

一、基本操作题（共 4 小题，第 1 题和第 2 题各 7 分、第 3 题和第 4 题各 8 分）

在考生目录下完成如下操作。

1. 打开"订货管理"数据库，并将表 Order _ list 添加到该数据库中。

2. 在"订货管理"数据库中建立表 Order _ detail，表结构描述如下：

订单号	字符型（6）
器件号	字符型（6）
器件名	字符型（16）
单价	浮动型（10.2）
数量	整型

3. 为新建立的 Order _ detail 表建立一个普通索引，索引名和索引表达式均是"订单号"。

4. 建立表 Order _ list 和 Order _ detail 间的永久联系（通过"订单号"字段）。

二、简单应用（共 2 小题，每题 20 分，计 40 分）

在考生目录下完成如下简单应用：

1. 将 Order _ detail1 表中的全部记录追加到 Order _ detail 表中，然后用 SQL SE-LECT 语句完成查询。列出所有订购单的订单号、订购日期、器件名和总金额（按订单号升序，订单号相同再按总金额降序），并将结果存储到 results 表中（其中订单号、订购日期、总金额取自 order _ list 表，器件号、器件名取自 Order _ detail 表）。

2. 打开 modil. prg 命令文件，该命令文件包含 3 条 SQL 语句，每条 SQL 语句中都有一个错误，请改正（注意：在出现错误的地方直接改，不可以改变 SQL 语句的结构和 SQL 短语的顺序）。

三、综合应用（计 30 分）

在做本题前首先确认已经正确地建立了 Order _ detail 表，在简单应用中已经成功地将记录追加到 Order _ detail 表。当 Order _ detail 表中的单价修改后，应该根据该表的"单价"和"数量"字段修改 Order _ detail 表的总金额字段，现在有部分 order _ list 录的总金额字段值不正确，请编写程序挑出这些记录，并将这些记录存放到一个名为 od _ mod 的表中（与 order _ list 表结构相同，自己建立），然后根据 Order _ detail 表的"单价"和"数量"字段修改 od _ mod 表的金额字段（注意一个 od _ mod 记录可能对应几条 Order _ detail 记录），最后 od _ mod 表的结果要求按总金额升序排序，编写的程序最后保存为 progl. prg。

上机模拟试题（三）参考答案

一、基本操作

（1）打开考生文件夹下的数据库文件"订货管理"，在数据库设计器窗口，单击右键选择"添加表"命令。将 Order_lis 表添加到数据库中。

（2）在数据库设计器窗口中的空白位置单击右键，选择"新建表"命令，新建表 Order_detail，按照要求完成所有的字段的设置，包括字段名、数据类型和宽度，设置完成后，保存数据表，不输入数据。

（3）打开 Order_detail 表设计器，在"字段"选项卡中，选择"订单号"字段，设置索引，方式不限，即升序或降序均可，保存所作的修改。

（4）在数据库设计器中，将鼠标指针指向 Order_list 表下方的"订单号"索引，按下鼠标左键，拖到 Order_detail 表的"订单号"索引下，松开鼠标，完成永久联系的建立。

二、简单应用

（1）打开代码窗口，利用 APPEND 命令将 Order_detail 数据表的记录添加到 Order_detail 表中，参考命令如下：

```
useOrder_detail
append from order_detaill
```

（2）利用 SQL 的 SELECT 命令完成查询，先将两个表通过"订单号"字段等值联接起来，然后，按照要求进行查询，参考命令如下：

```
seleorder_list.订单号,订购日期,器件号,器件名,总金额 from order_list,;
order_detail where order_list.订单号 = order_detail.订单号;
order by order_list.订单号,总金额 desc into dbf results
```

注意：在写命令时，所有的标点符号等均要用西文符号。

（3）修改如下：

```
错误 1：WITH 应改为:" = "
错误 2：ORDER 改为:GROUP
错误 3：FOR 应改为:WHERE
```

注意，不能添加或删除命令行，只能在原来的命令行上修改。

三、综合应用

因为在 order_list 表中放置的是所有订单的情况，而 order_detail 表中放置的是订单的细节，按订单中的器件来记录订单的信息，由于一个订单可能有多种器件。因此就会一个订单有多条记录，不能直接用 order_list 表与 order_detail 表的总金额来进行比较，因此，操作时应该选 order_detail 表的所有记录按订单号统计它的总金额，放置在一个中间表中。然后，利用这个中间表来与 order_list 表进行比较，如果总金额不等，则将该记录放置到指定的新表中。这里用两个 SQL 语句来完成。参考代码如下。运行结果如图 3-15 所示。

```
set talk off
use order_list
sele 订单号,sum(单价*数量)as 总金额 from order_detail group by 订单号 into table temp
sele 客户号,order_list. 订单号,订购日期,temp. 总金额 from order_list,temp where order_
list. 订单号=temp. 订单号 and order_list. 总金额<>temp. 总金额 order by temp. 总金额 in-
to table od_mod
close all
set talk on
```

客户号	订单号	订购日期	总金额
B20001	OR-02B	02/13/02	3300.00
C10001	OR-01C	10/10/01	3600.00
C10001	OR-32C	08/09/01	5150.00
A00112	OR-41A	04/01/02	8200.00
C10001	OR-12C	10/10/01	9600.00

图 3-15 记录挑选结果

上机模拟试题 (四)

一、基本操作题 (共 4 小题,第 1 题和第 2 题各 7 分、第 3 题和第 4 题各 8 分)

在考生文件夹下完成如下操作:

1. 用 SQL 语句从 tate_exchange.db 表中提取外币名称、现钞买入价和卖出价三个字段的值并将结果存入 rate_ex.db 表(字段顺序为外币名称、现钞买入价、卖出价,字段类型和宽度与原表相同,记录顺序与原表相同),并将相应的 SQL 语句保存为文本文件 one.txt。

2. 用 SQL 语句将各 rate_exchange.dbf 表中外币名称为“美元”的卖出价修改为 829.01,并将相应的 SQL 语句保存为文本文件 two.txt。

3. 利用报表向导根据 rate_exhange.dbf 表生成一个外币汇率报表,报表按顺序包含外币名称、现钞买入价和卖出价三列数据,报表的标题为“外币汇率”(其他使用默认设置),生成的报表文件保存为 rate_exhange。

4. 打开生成的报表文件 rate_exhange 进行修改,使显示在标题区域的日期改在每页的注脚区显示。

二、简单应用 (共 2 小题,每题 20 分,计 40 分)

1. 设计一个如下图 3-16 所示的时钟应用程序,具体描述如下:表单名和表单文件名均为“timer”,表单标题为“时钟”,表单运行时自动显示系统的当前时间。

(1) 显示时间的为标签控件 label1(要求在表单中居中,标签文本对齐方式为居中）。

（2）单击"暂停"命令按钮（comman1）时，时钟停止。

（3）单击"继续"命令按钮（comman2）时，时钟继续显示系统的当前时间。

（4）单击"退出"命令按钮（comman3）时，关闭表单。

图 3-16 时钟程序界面

提示：使用计时器控件，将该控件的 interval 属性设置为 500，即每 500 毫秒触发一次计时器控件的 timer 事件（显示一次系统时间）；将计时器控件的 interval 属性设置为 0 将停止触发 timer 事件。在设计表单时将 timer 控件的 interval 属性设置为 500。

2. 使用查询设计器设计一个查询，要求如下：

（1）基于自由表 currency _ s1. dbf 和 rate _ exhange. dbf。

（2）按顺序含有字段"姓名"、"外币名称"、"持有数量"、"现钞买入价"及表达式"现钞买入价 * 持有数量"。

（3）先按"姓名"升序排序、再按"持有数量"降序排序。

（4）查询去向为表 results. dbf。

（5）完成设计后将查询保存为 query 文件，并运行该查询。

三、综合应用（计 30 分）

设计一个满足如下要求的应用程序，所有控件的属性必须在表单设计器的属性窗口中设置。

1. 建立一个表单，表单文件名和表单名均为 form1，表单标题为"外汇"。

2. 表单中含有一个页框控件（PageFrame1）和一个"退出"命令按钮（comman1）。

3. 页框控件（PageFrame1）中含有三个页面，每个页面都通过一个表格控件显示有关信息：

（1）第一个页面 Page1 上的标题为"持有人"，其上的表格控件名 grdCurrency _ s1，记录源的类型（RecordSourceType）为"表"，显示自由表 currency _ s1 中的内容。

（2）第二个页面 Page2 上的标题为"外汇汇率"，其上的表格控件名为 grdrate _ exhange，记录源的类型（RecordSourceType）为"表"，显示自由表 rate _ exhange 中的内容。

（3）第三个页面 Page3 上的标题为"持有量及价值"，其上的表格控件名为 Grid1，记录源的类型（RecordSourceType）为"查询"，记录源 RecordSource 为"简单应用"题目中建立的查询文件 query。

4. 单击"退出"命令按钮（comman1）关闭表单。

上机模拟试题 (四) 参考答案

一、基本操作

1. select 外币名称，现钞买入价，卖出价 from rate _ exchange into table rate _ ex

执行以上命令，并将以上命令保存至 one. txt 文本文件中。注意：在修改文件名时，一定要保留文件的扩展名 .txt。

2. update rate _ exchange set 卖出价＝829.01 where 外币名称='美元'

执行以上命令，并将以上命令保存至 two. txt 文本文件中。

3. 单击 "□" 按钮，选择 "报表"，再单击 "向导" 按钮，在打开的 "报表向导" 对话框，按要求一步一步操作即可。生成报表效果如图 3－17 所示。

4. 打开报表文件 rate _ exchange，将鼠标指向 "标题区" 的 "DATE ( )" 函数，按下鼠标左键将它拖到 "注脚区"，保存对报表的修改，预览修改后的报表效果，效果如图 3－18 所示。

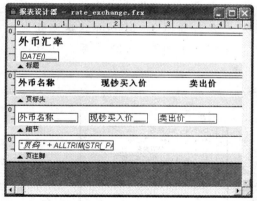

图 3－17 报表生成效果

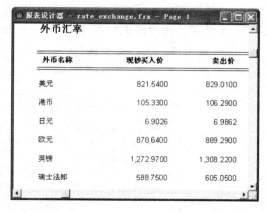

图 3－18 预览报表

二、简单应用

1. 在考生文件夹下新建一个表单，在表单上添加控件，如图 3－19 所示，控件属性值如表 3－5 所示。

表 3－5 控件属性值

对象	控件名称	控件属性	属性值
表单	Form1	Caption	时钟
命令按钮	Cammand1	Caption	暂停
	Cammand2	Caption	继续
	Cammand3	Caption	退出

计时器的 Timer 事件代码如下：

thisform. Label1. Caption = time()

"暂停"按钮 Click 事件代码如下：

thisform. timer1. interval = 0

"继续"按钮 Click 事件代码如下：

thisform. Timer1. interval = 500

"退出"按钮 Click 事件代码如下：

thisform. release

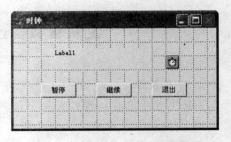

图 3 - 19　时钟程序设计界面

2. 在考生文件夹下新建一个查询设计器，将自由表 currency ＿ s1 表和 rate ＿ exchange 表添加到查询环境中，它们以"外币代码"等值连接。在"字段"选项卡中依次将 rate ＿ exchange 表的"姓名"和"外币名称"、currency ＿ s1 表的"持有数量"、rate ＿ exchange 表的"现钞买入价"字段添加到"选定字段"列表中。如图 3 - 20 所示。再单击"函数和表达式"文本框右侧的"　"按钮，在"表达式"框中输入表达式"现钞买入价 * 持有数量"，单击"确定"按钮。返回"字段"选项卡，在"排序依据"选项卡，按"姓名"升序、"持有数量"降序排序。如图 3 - 21 所示。建立查询去向表"results"，保存所设计的查询，执行查询。查询结果如图 3 - 22 所示。注意：一定要执行一次查询，否则就不能得到"results"表。

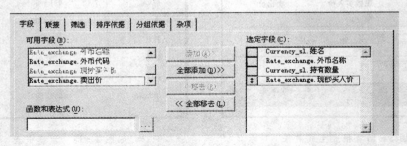

图 3 - 20　字段选取对话框

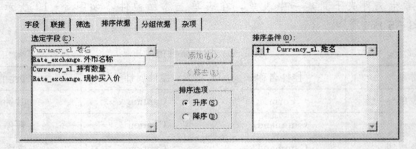

图 3 - 21　排序依据对话框

三、综合应用

在考生文件夹下新建一个表单，在表单上添加控件。如图 3－23 所示。控件属性值如表 3－6 所示。

为"退出"按钮控件添加代码"thisform. elease"。保存所设计的表单，并运行表单，运行结果如图 3－24所示。

图 3－22 查询结果

图 3－23 表单设计界面

图 3－24 表单运行效果

表 3－6 控件属性值

对象	控件名称	控件属性	属性值
表单	Form1	Caption	外汇
页框控件	Page1～Page3	PageCount	3
		Caption	持有人
		Caption	外汇汇率
		Caption	持有量及价格
表格控件	Grid1	Name	grdCurrency ＿ sl
		RecordSourceType	0－表
		RecordSource	Currency ＿ sl
		Name	grdRate ＿ exchange
		RecordSourceType	0－表
		RecordSource	Rate ＿ exchange
		RecordSourceType	3－查询（.qpr）
		RecordSource	query
命令按钮	Command1	Caption	退出

上机模拟试题（五）

一、基本操作题（共 4 小题，第 1 题和第 2 题各 7 分、第 3 题和第 4 题各 8 分）

注意：基本操作题为 4 道 SQL 题，请将每道题的 SQL 命令粘贴到 sql. txt 文件，每条命令占一行，第 1 道题的命令是第 1 行，第 2 道题的命令是第 2 行，以此类推；如果某道题没有做相应行为空。

在考生目录下完成下列操作：

1. 利用 SQL SELECT 命令将表 stock s1. dbf 复制到 stockes _ bk. dbf。

2. 利用 SQL INSERT 命令插入记录（"600028"，4. 36，4. 60，5500）到 stock _ bk. db 表。

3. 利用 SQL UPDATE 命令将 stock _ bk. dbf 表中"股票代码"为 600007 的股票"现价"改为 8. 88。

4. 利用 SQL DELETE 命令删除 stock _ dbf 表中"股票代码"为 600000 的股票。

二、简单应用（共 2 小题，每题 20 分，计 40 分）

1. 在考生文件夹中有一个数据库 STSC，其中有数据库表 STUDENT、SCORE 和 COURSE。利用 SQL 语句查询选修了"C＋＋"课程的学生的全部信息，并将结果按学号升序存放在 CPLUS. DBF 文件中。

2. 在考生文件夹中有一个数据库 STSC，其中有数据库表 STUDENT，使用"报表向导"制作一个名称为 P1 的报表，存放在考生文件夹中。要求：选择 STUDENT 表中所有字段，报表式样为经营式，存放在考生文件夹中。报表布局要求列数为 1，方向为纵向，字段布局为列，排序字段选择学号（升序），报表标题为"学生基本情况一览表"。

三、综合应用（计 30 分）

在考生文件夹下，对数据库 salarydb 完成如下综合应用。设计一个名称为 form1 的表单，在表单上设计一个"选项组"（又称选项按钮组，名称为 Optiongroup1）及两个命令按钮"生成"（名称为 Command1）和"退出"（名称为 Command2）；其中选项按钮组有"雇员工资表"（名称为 Option1）、"部门表"（名称为 Option2）和"部门工资汇总表"（名称为 Option3）三个选项按钮。然后为表单建立数据环境，并向数据环境添加 dept 表（名称为 Cursor1）和 salarys 表（名称为 Cursor2）。各选项按钮功能如下：

（1）当用户选择"雇员工资表"选项按钮后，再按"生成"命令按钮，查询显示 sview 视图中的所有信息，并把结果存入表 gz1. dbf 中。

（2）当用户选择"部门表"选项按钮后，再按"生成"命令按钮，查询显示 dept 表中每个部门的部门号和部门名称，并把结果存入表 bm1. dbf 中。

（3）当用户选择"部门工资汇总表"选项按钮后，再按"生成"命令按钮，则按部门汇总，将该公司的部门号、部门名、工资、补贴、奖励、失业保险和医疗统筹的支出汇总合计结果存入表 hz1.dbf 中，并按部门号的升序排序。请注意字段名必须与原字段名一致。

（4）按"退出"按钮，退出表单。

上机模拟试题（五）参考答案

一、基本操作题

1. sele * from stock _ sl into table stock _ bk。

2. insert into stock _ bk values（"600028"，4.36，4.60，5500）。

3. update stock _ bk set 现价＝8.88 where 股票代码＝'600007'。

4. dele from stock _ bk where 股票代码＝'600000'。

二、简单应用

1. 在命令窗口中，输入命令：

Sele student.学号,姓名,年龄,性别,院系号 from student.score,course where;

student.学号 = score.学号 and;

Score.课程号 = course.课程号 and 课程名 = "C＋＋" order by student.学号 into table cplus

注意：当命令的长度太长时，可使用续行，即在命令行尾部添加续行标记，西文的";"。结果如图 3-25 所示。

2. 单击"□"按钮，选择"报表"，再单击"向导"按钮，在打开的"报表向导"对话框，按要求一步一步操作即可。生成报表效果如图 3-26 所示。

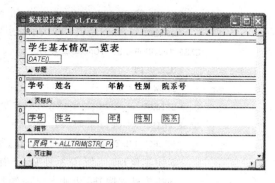

图 3-25　查询结果　　　　　　　　图 3-26　报表生成效果

三、综合应用

（1）打开考生文件夹下的项目文件 salary _ p.pjx，新建一个表单，在表单上添加控件，如图 3-27 所示，控件属性值如表 3-7 所示。

（2）将数据库 Salary _ db 中的表 dept 和 salarys 表依次添加到数据环境之中。

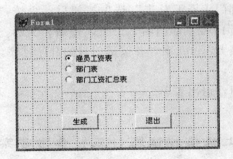

图 3-27 表单设计效果

表 3-7 控件属性值

对象	控件名称	控件属性	属性值
选项组	Option1～ Option3	Caption	雇员工资表
		Caption	部门表
		Caption	部门工资汇总表
命令按钮	Command1	Caption	生成
	Command2	Caption	退出

（3）双击"生成"命令按钮控件，打开代码窗口，在 Click 事件过程中添加如下代码：

```
DO CASE
    CASE THISFORM. OPTIONGROUP1. VALUE = 1
        USE SVIEW
        BROW
        SELECT * FROM SVIEW INTO TABLE GZ1. DBF
    CASE THISFORM. OPTIONGROUP1. VALUE = 2
        USE DEPT
        BROW
        SELECT * FROM DEPT INTO TABLE BM1. DBF
    CASE THISFORM. OPTIONGROUP1. VALUE = 3
        SELECT DEPT. 部门号,dept. 部门名,,;
        SUM(工资)AS 工资,SUM(补贴)AS 补贴,SUM(奖励)AS 奖励,,;
        SUM(失业保险)AS 失业保险,SUM(医疗统筹)AS 医疗统筹;
        FROM DEPT,SALARYS;
        WHERE DEPT. 部门号 = SALARYS. 部门号;
        GROUP BY DEPT. 部门号;
        ORDER BY DEPT. 部门号;
        INTO TABLE HZ1. DBF
    ENDCASE
```

（4）双击"退出"命令按钮控件，打开代码窗口，在 Click 事件过程中添加如下代码：

```
THISFORM. RELEASE
```

（5）以 form1. scx 为文件名在考生文件夹下保存表单，并运行表单。如图 3－28 所示。

图 3－28　表单运行效果

第四部分
全国计算机等级考试
二级 Visual FoxPro
笔试真题及其参考答案

全国计算机等级考试二级 Visual FoxPro 笔试真题

（一）2008 年 4 月全国计算机等级考试
二级 Visual FoxPro 笔试试卷

1. 选择题（每小题 2 分，共 70 分）

下列各题 A、B、C、D 四个选项中，只有一个选项是正确的，请选择。

(1) 程序流程图中带有箭头的线段表示的是（　　）。
　　A. 图元关系　　　　　　　　　B. 数据流
　　C. 控制流　　　　　　　　　　D. 调用关系

(2) 结构化程序设计的基本原则不包括（　　）。
　　A. 多态性　　　　　　　　　　B. 自顶向下
　　C. 模块化　　　　　　　　　　D. 逐步求精

(3) 软件设计中模块划分应遵循的准则是（　　）。
　　A. 低内聚低耦合　　　　　　　B. 高内聚低耦合
　　C. 低内聚高耦合　　　　　　　D. 高内聚高耦合

(4) 在软件开发中，需求分析阶段产生的主要文档是（　　）。
　　A. 可行性分析报告　　　　　　B. 软件需求规格说明书
　　C. 概要设计说明书　　　　　　D. 集成测试计划

(5) 算法的有穷性是指（　　）。
　　A. 算法程序的运行时间是有限的　　B. 算法程序所处理的数据量是有限的
　　C. 算法程序的长度是有限的　　　　D. 算法只能被有限的用户使用

(6) 对长度为 n 的线性表排序，在最坏情况下，比较次数不是 $n(n-1)/2$ 的排序
　　方法是（　　）。
　　A. 快速排序　　　　　　　　　B. 冒泡排序
　　C. 直线插入排序　　　　　　　D. 堆排序

(7) 下列关于栈的叙述正确的是（　　）。
　　A. 栈按"先进先出"组织数据　　B. 栈按"先进后出"组织数据
　　C. 只能在栈底插入数据　　　　D. 不能删除数据

(8) 在数据库设计中，将 E－R 图转换成关系数据模型的过程属于（　　）。
　　A. 需求分析阶段　　　　　　　B. 概念设计阶段
　　C. 逻辑设计阶段　　　　　　　D. 物理设计阶段

(9) 有三个关系 R、S 和 T 如下：

	R	
B	C	D
a	0	k1
b	1	m1

	S	
B	C	D
f	3	h2
a	0	k1
n	2	x1

	T	
B	C	D
a	0	k1

由关系 R 和 S 通过运算得到关系 T，则所使用的运算为(　　)。

A. 并　　　　　　　　　　　　B. 自然连接

C. 笛卡尔积　　　　　　　　　D. 交

(10) 设有表示学生选课的三张表，学生 S（学号，姓名，性别，年龄，身份证号），课程 C（课号，课名），选课 SC（学号，课号，成绩），则表 SC 的关键字（键或码）为(　　)。

A. 课号，成绩　　　　　　　　B. 学号，成绩

C. 学号，课号　　　　　　　　D. 学号，姓名，成绩

(11) 在 Visual FoxPro 中，扩展名为 .mnx 的文件是(　　)。

A. 备注文件　　　　　　　　　B. 项目文件

C. 表单文件　　　　　　　　　D. 简单文件

(12) 有如下赋值语句：a="计算机"，b="微型"，结果为"微型机" 的表达式是(　　)。

A. b+LEFT（a，3）　　　　　　B. b+RIGTH（a，1）

C. b+LEFT（a，5，2）　　　　D. b+RIGTH（a，2）

(13) 在 Visual FoxPro 中，有如下内容变量赋值语句：

X = {^2001 - 07 - 28 10:15:20 PM}

Y = .F.

M = 5123. 45

N = $ 123. 45

Z = "123.24"

执行上述赋值语句之后，内存变量 X、Y、M 和 Z 的数据类型分别是 (　　)。

A. D、L、Y、N、C　　　　　B. T、L、Y、N、C

C. T、L、M、N、C　　　　　D. T、L、Y、N、D

(14) 下面程序的运行结果是(　　)。

```
SET EXACT ON
s = "ni" + SPACE(2)
  IF s = = "ni"
  IF s = "ni"
    ? "one"
ELSE
    ? "two"
ENDIF
```

```
ELSE
    IF s = "ni"
        ? "three"
    ELSE
        ? "four"
    ENDIF
ENDIF
RETURN
```

    A. one   B. two

    C. three   D. four

(15) 如果内存变量和字段变量均有变量名"姓名",那么引用内存的正确方法是（　　）。

    A. M. 姓名   B. M ->姓名

    C. 姓名   D. A 和 B 都可以

(16) 要为当前表所有性别为"女"的职工增加 100 元工资,应使用命令（　　）。

    A. REPLACE ALL 工资 WITH 工资＋100

    B. REPLACE 工资 WITH 工资＋100 FOR 性别＝"女"

    C. REPLACE ALL 工资 WITH 工资＋100

    D. REPLACE ALL 工资 WITH 工资＋100 FOR 性别＝"女"

(17) MODIFY STRUCTURE 命令的功能是（　　）。

    A. 修改记录值   B. 修改表结构

    C. 修改数据库结构   D. 修改数据库或表结构

(18) 可以运行查询文件的命令是（　　）。

    A. DO   B. BROWSE

    C. DO QUERY   D. CREATE QUERY

(19) SQL 语句中删除视图的命令是（　　）。

    A. DROP TABLE   B. DROP VIEW

    C. ERASE TABLE   D. ERASE VIEW

(20) 设有订单表 order（其中包括字段：订单号、客户号、职员号、签订日期、金额）,查询 2007 年所签订单的信息,并按金额降序排序,正确的 SQL 命令是（　　）。

    A. SELECT * FROM order WHERE YEAR(签订日期)＝2007 ORDER BY 金额 DESC

    B. SELECT * FROM order WHILE YEAR(签订日期)＝2007 ORDER BY 金额 ASC

    C. SELECT * FROM order WHERE YEAR(签订日期)＝2007 ORDER BY 金额 ASC

    D. SELECT * FROM order WHILE YEAR(签订日期)＝2007 ORDER BY 金额 DESC

(21) 设有订单表 order（其中包括字段：订单号、客户号、客户号、职员号、签订日期、金额）,删除 2002 年 1 月 1 日以前签订的订单记录,正确的 SQL 命令是（　　）。

    A. DELETE TABLE order WHERE 签订日期＜ {ˆ2002－1－1}

    B. DELETE TABLE order WHILE 签订日期＞ {ˆ2002－1－1}

C. DELETE FROM order WHERE 签订日期＜ {^2002－1－1}

D. DELETE FROM order WHILE 签订日期＞ {^2002－1－1}

(22) 下面属于表单方法名（非事件名）的是（　　）。

    A. Init   B. Release

    C. Destroy   D. Caption

(23) 下列表单的哪个属性设置为真时，表单运行时将自动居中（　　）。

    A. AutoCenter   B. AlwaysOnTop

    C. ShowCenter   D. FormCenter

(24) 下面关于命令 DO FORM XX NAME YY LINKED 的陈述中，正确的是（　　）。

    A. 产生表单对象引用变量 XX，在释放变量 XX 时自动关闭表单

    B. 产生表单对象引用变量 XX，在释放变量 XX 时并不关闭表单

    C. 产生表单对象引用变量 YY，在释放变量 YY 时自动关闭表单

    D. 产生表单对象引用变量 YY，在释放变量 YY 时并不关闭表单

(25) 表单里有一个选项按钮组，包含两个选项按钮 Option1 和 Option2，假设 Option2 没有设置 Click 事件代码，而 Option1 以及选项按钮和表单都设置了 Click 事件代码，那么当表单运行时，如果用户单击 Option2，系统将（　　）。

    A. 执行表单的 Click 事件代码   B. 执行选项按钮组的 Click 事件代码

    C. 执行 Option1 的 Click 事件代码   D. 不会有反应

(26) 下列程序段执行以后，内存变量 X 和 Y 的值是（　　）。

```
CLEAR
STORE 3 TO X
STORE 5 TO Y
PLUS((X),Y)
? X,Y
PROCEDURE PLUS
PARAMETERS A1,A2
    A1 = A1 + A2
    A2 = A1 + A2
ENDPROC
```

    A. 8　13   B. 3　13

    C. 3　5   D. 8　5

(27) 下列程序段执行以后，内存标量 y 的值是（　　）。

```
CLEAR
X = 12345
Y = 0
DO WHILE X>0
    y = y + x % 10
    x = int(x/10)
ENDDO
```

　? y

  A. 54321   B. 12345

  C. 51   D. 15

(28) 下列程序段执行后，内存变量 s1 的值是（   ）。

```
s1 = "network"
s1 = stuff(s1,4,4,"BIOS")
? s1
```

  A. network   B. netBIOS

  C. net   D. BIOS

(29) 参照完整性规则的更新规则中"级联"的含义是（   ）。

  A. 更新父表中连接字段值时，用新的连接字段自动修改子表中的所有相关记录

  B. 若子表中有与父表相关的记录，则禁止修改父表中连接字段值

  C. 父表中的连接字段值可以随意更新，不会影响子表中的记录

  D. 父表中的连接字段值在任何情况下都不允许更新

(30) 在查询设计器环境中，"查询"菜单下的"查询去向"命令指定了查询结果的输出去向，输出去向不包括（   ）。

  A. 临时表   B. 表

  C. 文本文件   D. 屏幕

(31) 表单名为 myForm 的表单中有一个页框 myPageFrame，将该页框的第 3 页（Page3）的标题设置为"修改"，可以使用代码（   ）。

  A. myForm. Page3. myPageFrame. Caption"修改"

  B. myForm. myPageFrame. Caption. Page3＝"修改"

  C. Thisform. myPageFrame. Page3. Caption＝"修改"

  D. Thisform. myPageFrame. Caption. Page3＝"修改"

(32) 向一个项目中添加一个数据库，应该使用项目管理器的是（   ）。

  A. "代码"选项卡   B. "类"选项卡

  C. "文档"选项卡   D. "数据"选项卡

下表是用 list 命令显示的"运动员"表的内容和结构，(33)～(35) 题使用该表：

记录号	运动员号	投中 2 分球	投中 3 分球	罚球
1	1	3	4	5
2	2	2	1	3
3	3	0	0	0
4	4	5	6	7

(33) 为"运动员"表增加一个字段"得分"的 SQL 语句是（   ）。

  A. CHANGE TABLE 运动员 ADD 得分 I

  B. ALTER DATA 运动员 ADD 得分 I

  C. ALTER TABLE 运动员 ADD 得分 I

D. CHANGE TABLE 运动员 INSERT 得分 I

(34) 计算每名运动员的"得分"（33 题增加的字段）的正确 SQL 语句是（　　　）。

A. UPDATE 运动员 FIELD 得分＝2＊投中 2 分球＋3＊投中 3 分球＋罚球

B. UPDATE 运动员 FIELD 得分 WITH 2＊投中 2 分球＋3＊投中 3 分球＋罚球

C. UPDATE 运动员 SET 得分 WITH 2＊投中 2 分球＋3＊投中 3 分球＋罚球

D. UPDATE 运动员 SET 得分＝2＊投中 2 分球＋3＊投中 3 分球＋罚球

(35) 检索"投中 3 分球"小于等于 5 个的运动员中"得分"最高的运动员的"得分"，正确的 SQL 语句是（　　　）。

A. SELECT MAX（得分）得分 FROM 运动员 WHERE 投中 3 分球＜＝5

B. SELECT MAX（得分）得分 FROM 运动员 WHEN 投中 3 分球＜＝5

C. SELECT 得分＝MAX（得分）FROM 运动员 WHERE 投中 3 分球＜＝5

D. SELECT 得分＝MAX（得分）FROM 运动员 WHEN 投中 3 分球＜＝5

2. 填空题（每空 2 分，共 30 分）

注意：以命令关键字填空的必须拼写完整。

(1) 测试用例包括输入值集和_____值集。

(2) 深度为 5 的满二叉树有_____个叶子结点。

(3) 设某循环队列的容量为 50，头指针 front＝5（指向队头元素的前一位置），尾指针 rear＝29（指向对尾元素），则该循环队列中共有_____个元素。

(4) 在关系数据库中，用来表示实体之间联系的是_____。

(5) 在数据库管理系统提供的数据定义语言、数据操纵语言和数据控制语言中，_____负责数据的模式定义与数据的物理存取构建。

(6) 在基本表中，要求字段名_____重复。

(7) SQL 的 SELECT 语句中，使用_____子句可以消除结果中的重复记录。

(8) 在 SQL 的 WHERE 子句的条件表达式中，字符串匹配（模糊查询）的运算符是_____。

(9) 数据库系统中对数据库进行管理的核心软件是_____。

(10) 使用 SQL 的 CREATE TABLE 语句定义表结构时，用_____短语说明关键字（主索引）。

(11) 在 SQL 语句中要查询表 s 在 AGE 字段上取空值的记录，正确的 SQL 语句为：SELECT ＊ FROM s WHERE_____。

(12) 在 Visual FoxPro 中，使用 LOCATE ALL 命令按条件对表中的记录进行查找，若查不到记录，函数 EOF（）的返回值应是_____。

(13) 在 Visual FoxPro 中，假设当前文件夹中有菜单程序文件 mymenu. mpr，运行该菜单程序的命令是_____。

(14) 在 Visual FoxPro 中，如果要在子程序中创建一个只在本程序中使用的变量 x1（不影响上级或下级的程序），应该使用_____说明变量。

(15) 在 Visual FoxPro 中，在当前打开的表中物理删除带有删除标记记录的命令是_____。

（二）2008 年 9 月全国计算机等级考试 二级 Visual FoxPro 笔试试卷

1. 选择题（每小题 2 分，共 70 分）

下列各题 A、B、C、D 四个选项中，只有一个选项是正确的，请选择。

(1) 一个栈的初始状态为空。现将元素 1、2、3、4、5、A、B、C、D、E 依次入栈，然后再依次出栈，则元素出栈的顺序是（   ）。

    A. 12345ABCDE   B. EDCBA54321

    C. ABCDE12345   D. 54321EDCBA

(2) 下列叙述中正确的是（   ）。

    A. 循环队列有队头和队尾两个指针，因此，循环队列是非线性结构

    B. 在循环队列中，只需要队头指针就能反应队列中元素的动态变化情况

    C. 在循环队列中，只需要队尾指针就能反应队列中元素的动态变化情况

    D. 循环队列中元素的个数是由队头和队尾指针共同决定

(3) 在长度为 n 的有序线性表中进行二分查找，最坏情况下需要比较的次数是（   ）。

    A. $O(n)$ B. $O(n^2)$

    C. $O(\log_2 n)$ D. $O(n\log_2 n)$

(4) 下列叙述中正确的是（   ）。

    A. 顺序存储结构的存储一定是连续的，链式存储结构的存储空间不一定是连续的

    B. 顺序存储结构只针对线性结构，链式存储结构只针对非线性结构

    C. 顺序存储结构能存储有序表，链式存储结构不能存储有序表

    D. 链式存储结构比顺序存储结构节省存储空间

(5) 数据流图中带有箭头的线段表示的是（   ）。

    A. 控制流   B. 事件驱动

    C. 模块调用   D. 数据流

(6) 在软件开发中，需求分析阶段可以使用的工具是（   ）。

    A. N－S 图   B. DFD 图

    C. PAD 图   D. 程序流程图

(7) 在面向对象方法中，不属于"对象"基本特点的是（   ）。

    A. 一致性   B. 分类性

    C. 多态性   D. 标识唯一性

(8) 一间宿舍可住多个学生，则实体宿舍和学生之间的联系是（   ）。

    A. 一对一   B. 一对多

    C. 多对一   D. 多对多

(9) 在数据管理技术发展的三个阶段中，数据共享最好的是（   ）。

A. 人工管理阶段   B. 文件系统阶段

C. 数据库系统阶段   D. 三个阶段相同

(10) 有三个关系 R、S 和 T 如下：

R	
A	B
m	1
n	2

S	
B	C
1	3
3	5

T		
A	B	C
m	1	3

由关系 R 和 S 通过运算得到关系 T，则所使用的运算为（   ）。

A. 笛卡尔积   B. 交

C. 并   D. 自然连接

(11) 设置表单标题的属性是（   ）。

A. Title   B. Text

C. Biaoti   D. Caption

(12) 释放和关闭表单的方法是（   ）。

A. Release   B. Delete

C. LostFocus   D. Destory

(13) 从表中选择字段形成新关系的操作是（   ）。

A. 选择   B. 连接

C. 投影   D. 并

(14) Modify Command 命令建立的文件的默认扩展名是（   ）。

A. .prg   B. .app

C. .cmd   D. .exe

(15) 说明数组后，数组元素的初值是（   ）。

A. 整数 0   B. 不定值

C. 逻辑真   D. 逻辑假

(16) 扩展名为 mpr 的文件是（   ）。

A. 菜单文件   B. 菜单程序文件

C. 菜单备注文件   D. 菜单参数文件

(17) 下列程序段执行以后，内存变量 y 的值是（   ）。

```
x = 76543
y = 0
DO WHILE x>0
y = x % 10 + y * 10
x = int(x/10)
ENDDO
```

A. 3456   B. 34567

C. 7654   D. 76543

(18) 在 SQL SELECT 查询中，为了使查询结果排序，应该使用短语（   ）。

    A. ASC   B. DESC

    C. GROUP BY   D. ORDER BY

(19) 设 a＝"计算机等级考试"，结果为"考试"的表达式是（　　）。

    A. Left（a，4）   B. Right（a，4）

    C. Left（a，2）   D. Right（a，2）

(20) 关于视图和查询，以下叙述正确的是（　　）。

    A. 视图和查询都只能在数据库中建立

    B. 视图和查询都不能在数据库中建立

    C. 视图只能在数据库中建立

    D. 查询只能在数据库中建立

(21) 在 SQL SELECT 语句中与 INTO TABLE 等价的短语是（　　）。

    A. INTO DBF   B. TO TABLE

    C. INTO FOEM   D. INTO FILE

(22) CREATE DATABASE 命令用来建立（　　）。

    A. 数据库   B. 关系

    C. 表   D. 数据文件

(23) 欲执行程序 temp. prg，应该执行的命令是（　　）。

    A. DO PRG temp. prg   B. DO temp. prg

    C. DO CMD temp. prg   D. DO FORM temp. prg

(24) 执行命令 MyForm＝CreateObject（"Form"）可以建立一个表单，为了让该
表单在屏幕上显示，应该执行命令（　　）。

    A. MyForm. List   B. MyForm. Display

    C. MyForm. Show   D. MyForm. ShowForm

(25) 假设有 student 表，可以正确添加字段"平均分数"的命令是（　　）。

    A. ALTER TABLE student ADD 平均分数 F（6，2）

    B. ALTER DBF student ADD 平均分数 F 6，2

    C. CHANGE TABLE student ADD 平均分数 F（6，2）

    D. CHANGE TABLE student INSERT 平均分数 6，2

(26) 页框控件也称作选项卡控件，在一个页框中可以有多个页面，页面个数的属
性是（　　）。

    A. Count   B. Page

    C. Num   D. PageCount

(27) 打开已经存在的表单文件的命令是（　　）。

    A. MODIFY FORM   B. EDIT FORM

    C. OPEN FORM   D. READ FORM

(28) 在菜单设计中，可以在定义菜单名称时为菜单项指定一个访问键。规定了菜
单项的访问键为"x"的菜单名称定义是（　　）。

    A. 综合查询\＜（x）   B. 综合查询/＜（x）

C. 综合查询（\＜x）   D. 综合查询（/＜x）

(29) 假定一个表单里有一个文本框 Text1 和一个命令按钮组 CommandGroup1。命令按钮组是一个容器对象，其中包含 Command1 和 Command2 两个命令按钮。如果要在 Command1 命令按钮的某个方法中访问文本框的 Value 属性值，正确的表达式是（   ）。

A. This. ThisForm. Text1. Value

B. This. Parent. Parent. Text1. Value

C. Parent. Parent. Text1. Value

D. This. Parent. Text1. Value

(30) 下面关于数据环境和数据环境中两个表之间关联的陈述中，正确的是（   ）。

A. 数据环境是对象，关系不是对象

B. 数据环境不是对象，关系是对象

C. 数据环境是对象，关系是数据环境中的对象

D. 数据环境和关系都不是对象

第（31）题至第（35）题使用如下关系：

客户（客户号，名称，联系人，邮政编码，电话号码）

产品（产品号，名称，规格说明，单价）

订购单（订单号，客户号，订购日期）

订购单名细（订单号，序号，产品号，数量）

(31) 查询单价在 600 元以上的主机板和硬盘的正确命令是（   ）。

A. SELECT ＊ FROM 产品 WHERE 单价＞600 AND（名称＝'主机板' AND 名称＝'硬盘'）

B. SELECT ＊ FROM 产品 WHERE 单价＞600 AND（名称＝'主机板' OR 名称＝'硬盘'）

C. SELECT ＊ FROM 产品 FOR 单价＞600 AND（名称＝'主机板' AND 名称＝'硬盘'）

D. SELECT ＊ FROM 产品 FOR 单价＞600 AND（名称＝'主机板' OR 名称＝'硬盘'）

(32) 查询客户名称中有"网络"二字的客户信息的正确命令是（   ）。

A. SELECT ＊ FROM 客户 FOR 名称 LIKE "％网络％"

B. SELECT ＊ FROM 客户 FOR 名称 ＝"％网络％"

C. SELECT ＊ FROM 客户 WHERE 名称 ＝"％网络％"

D. SELECT ＊ FROM 客户 WHERE 名称 LIKE "％网络％"

(33) 查询尚未最后确定订购单的有关信息的正确命令是（   ）。

A. SELECT 名称，联系人，电话号码，订单号 FROM 客户，订购单
    WHERE 客户. 客户号＝订购单. 客户号 AND 订购日期 IS NULL

B. SELECT 名称，联系人，电话号码，订单号 FROM 客户，订购单

      WHERE 客户．客户号＝订购单．客户号 AND 订购日期 ＝ NULL

  C. SELECT 名称，联系人，电话号码，订单号 FROM 客户，订购单

      FOR 客户．客户号＝订购单．客户号 AND 订购日期 IS NULL

  D. SELECT 名称，联系人，电话号码，订单号 FROM 客户，订购单

      FOR 客户．客户号＝订购单．客户号 AND 订购日期 ＝ NULL

（34）查询订购单的数量和所有订购单平均金额的正确命令是（   ）。

  A. SELECT COUNT （DISTINCT 订单号），AVG （数量＊单价）

      FROM 产品 JOIN 订购单名细 ON 产品．产品号＝订购单名细．产品号

  B. SELECT COUNT （订单号），AVG （数量＊单价）

      FROM 产品 JOIN 订购单名细 ON 产品．产品号＝订购单名细．产品号

  C. SELECT COUNT （DISTINCT 订单号），AVG （数量＊单价）

      FROM 产品，订购单名细 ON 产品．产品号＝订购单名细．产品号

  D. SELECT COUNT （订单号），AVG （数量＊单价）

      FROM 产品，订购单名细 ON 产品．产品号＝订购单名细．产品号

（35）假设客户表中有客户号（关键字）C1～C10 共 10 条客户记录，订购单表有订单号（关键字）OR1～OR8 共 8 条订购单记录，并且订购单表参照客户表。如下命令可以正确执行的是（   ）。

  A. INSERT INTO 订购单 VALUES （'OR5'，'C5'，{^2008/10/10}）

  B. INSERT INTO 订购单 VALUES （'OR5'，'C11'，{^2008/10/10}）

  C. INSERT INTO 订购单 VALUES （'OR9'，'C11'，{^2008/10/10}）

  D. INSERT INTO 订购单 VALUES （'OR9'，'C5'，{^2008/10/10}）

2. 填空题 （每空 2 分，共 30 分）

注意：以命令关键字填空的必须拼写完整。

（1）对下列二叉树进行中序遍历的结果是_____。

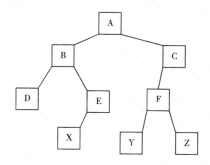

（2）按照软件测试的一般步骤，集成测试应在_____测试之后进行。

（3）软件工程三要素包括方法、工具和过程，其中，_____支持软件开发的各个环节的控制和管理。

（4）数据库设计包括概念设计、_____和物理设计。

(5) 在二维表中，元组的_____不能再分成更小的数据项。

(6) SELECT * FROM student _____ FILE student 命令将查询结果存储在 student. txt 文本文件中。

(7) LEFT（"12345.6789"，LEN（"子串"））的计算结果是_____。

(8) 不带条件的 SQL DELETE 命令将删除指定表的_____记录。

(9) 在 SQL SELECT 语句中为了将查询结果存储到临时表中应该使用_____短语。

(10) 每个数据库表可以建立多个索引，但是_____索引只能建立 1 个。

(11) 在数据库中可以设计视图和查询，其中_____不能独立存储为文件（存储在数据库中）。

(12) 在表单中设计一组复选框（CheckBox）控件是为了可以选择_____个或_____个选项。

(13) 为了在文本框输入时隐藏信息（如显示"*"），需要设置该控件的_____属性。

(14) 将一个项目编译成一个应用程序时，如果应用程序中包含需要用户修改的文件，必须将该文件标为_____。

（三）2009 年 3 月全国计算机等级考试
二级 Visual FoxPro 笔试试卷

1. **选择题（每小题 2 分，共 70 分）**

下列各题 A、B、C、D 四个选项中，只有一个选项是正确的，请选择。

（1）下列叙述中正确的是（　　）。
　　A. 栈是"先进先出"的线性表
　　B. 队列是"先进后出"的线性表
　　C. 循环队列是非线性结构
　　D. 有序线性表既可以采用顺序存储结构，也可以采用链式存储结构

（2）支持子程序调用的数据结构是（　　）。
　　A. 栈　　　　　　　　　　　　B. 树
　　C. 队列　　　　　　　　　　　D. 二叉树

（3）某二叉树有 5 个度为 2 的结点，则该二叉树中的叶子结点数是（　　）。
　　A. 10　　　　　　　　　　　　B. 8
　　C. 6　　　　　　　　　　　　 D. 4

（4）下列排序方法中，最坏情况下比较次数最少的是（　　）。
　　A. 冒泡排序　　　　　　　　　B. 简单选择排序
　　C. 直接插入排序　　　　　　　D. 堆排序

（5）软件按功能可以分为：应用软件、系统软件和支撑软件（或工具软件）。下面属于应用软件的是（　　）。
　　A. 编译程序　　　　　　　　　B. 操作系统
　　C. 教务管理系统　　　　　　　D. 汇编程序

（6）下面叙述中错误的是（　　）。
　　A. 软件测试的目的是发现错误并改正错误
　　B. 对被调试的程序进行"错误定位"是程序调试的必要步骤
　　C. 程序调试通常也称为 Debug
　　D. 软件测试应严格执行测试计划，排除测试的随意性

（7）耦合性和内聚性是对模块独立性度量的两个标准。下列叙述中正确的是（　　）。
　　A. 提高耦合性降低内聚性有利于提高模块的独立性
　　B. 降低耦合性提高内聚性有利于提高模块的独立性
　　C. 耦合性是指一个模块内部各个元素间彼此结合的紧密程度
　　D. 内聚性是指模块间互相连接的紧密程度

（8）数据库应用系统中的核心问题是（　　）。
　　A. 数据库设计　　　　　　　　B. 数据库系统设计
　　C. 数据库维护　　　　　　　　D. 数据库管理员培训

(9) 有两个关系 R，S 如下：

	R				S	
A	B	C			A	B
a	3	2			a	3
b	0	1			b	0
c	2	1			c	3

由关系 R 通过运算得到关系 S，则所使用的运算为（　　　）。

A. 选择 　　　　　　　　B. 投影

C. 插入 　　　　　　　　D. 连接

(10) 将 E−R 图转换为关系模式时，实体和联系都可以表示为（　　　）。

A. 属性 　　　　　　　　B. 键

C. 关系 　　　　　　　　D. 域

(11) 数据库（DB）、数据库系统（DBS）和数据库管理系统（DBMS）三者之间的关系是（　　　）。

A. DBS 包括 DB 和 DBMS 　　B. DBMS 包括 DB 和 DBS

C. DB 包括 DBS 和 DBMS 　　D. DBS 就是 DB，也就是 DBMS

(12) SQL 语言的查询语句是（　　　）。

A. INSERT 　　　　　　　B. UPDATE

C. DELETE 　　　　　　　D. SELECT

(13) 下列与修改表结构相关的命令是（　　　）。

A. INSERT 　　　　　　　B. ALTER

C. UPDATE 　　　　　　　D. CREATE

(14) 对表 SC（学号 C（8），课程号 C（2），成绩 N（3），备注 C（20）），可以插入的记录是（　　　）。

A. （'20080101'，'c1'，'90'，NULL）

B. （'20080101'，'c1'，90，'成绩优秀'）

C. （'20080101'，'c1'，'90'，'成绩优秀'）

D. （'20080101'，'c1'，'79'，'成绩优秀'）

(15) 在表单中为表格控件指定数据源的属性是（　　　）。

A. DataSource 　　　　　　B. DataFrom

C. RecordSource 　　　　　D. RecordFrom

(16) 在 Visual FoxPro 中，下列关于 SQL 表定义语句（CREATE TABLE）的说法中错误的是（　　　）。

A. 可以定义一个新的基本表结构

B. 可以定义表中的主关键字

C. 可以定义表的域完整性、字段有效性规则等

　　　　D. 对自由表，同样可以实现其完整性、有效性规则等信息的设置

（17）在 Visual FoxPro 中，若所建立索引的字段值不允许重复，并且一个表中只能创建一个，这种索引应该是（　　　）。

　　　　A. 主索引　　　　　　　　　　　B. 唯一索引

　　　　C. 候选索引　　　　　　　　　　D. 普通索引

（18）在 Visual FoxPro 中，用于建立或修改程序文件的命令是（　　　）。

　　　　A. MODIFY＜文件名＞

　　　　B. MODIFY COMMAND ＜文件名＞

　　　　C. MODIFY PROCEDURE ＜文件名＞

　　　　D. 上面 B 和 C 都对

（19）在 Visual FoxPro 中，程序中不需要用 PUBLIC 等命令明确声明和建立，可直接使用的内存变量是（　　　）。

　　　　A. 局部变量　　　　　　　　　　B. 私有变量

　　　　C. 公共变量　　　　　　　　　　D. 全局变量

（20）以下关于空值（NULL 值）叙述正确的是（　　　）。

　　　　A. 空值等于空字符串

　　　　B. 空值等同于数值 0

　　　　C. 空值表示字段或变量还没有确定的值

　　　　D. Visual FoxPro 不支持空值

（21）执行 USE sc IN 0 命令的结果是（　　　）。

　　　　A. 选择 0 号工作区打开 sc 表　　　B. 选择空闲的最小号工作区打开 sc 表

　　　　C. 选择第 1 号工作区打开 sc 表　　D. 显示出错信息

（22）在 Visual FoxPro 中，关系数据库管理系统所管理的关系是（　　　）。

　　　　A. 一个 DBF 文件　　　　　　　 B. 若干个二维表

　　　　C. 一个 DBC 文件　　　　　　　 D. 若干个 DBC 文件

（23）在 Visual FoxPro 中，下面描述正确的是（　　　）。

　　　　A. 数据库表允许对字段设置默认值

　　　　B. 自由表允许对字段设置默认值

　　　　C. 自由表或数据库表都允许对字段设置默认值

　　　　D. 自由表或数据库表都不允许对字段设置默认值

（24）SQL 的 SELECT 语句中，"HAVING＜条件表达式＞"用来筛选满足条件的是（　　　）。

　　　　A. 列　　　　　　　　　　　　　B. 行

　　　　C. 关系　　　　　　　　　　　　D. 分组

（25）在 Visual FoxPro 中，假设表单上有一个选项组：○男 ⊙女，初始时该选项组的 Value 属性值为 1。若选项按钮"女"被选中，该选项组的 Value 属性值是（　　　）。

　　　　A. 1　　　　　　　　　　　　　 B. 2

C. "女"   D. "男"

(26) 在 Visual FoxPro 中，假设教师表 T（教师号，姓名，性别，职称，研究生导师）中，性别是 C 型字段，研究生导师是 L 型字段。若要查询"是研究生导师的女老师"信息，那么 SQL 语句"SELECT * FROM T WHERE ＜逻辑表达式＞"中的＜逻辑表达式＞应是（　　　）。

A. 研究生导师 AND 性别＝"女"

B. 研究生导师 OR 性别＝"女"

C. 性别＝"女" AND 研究生导师＝.F.

D. 研究生导师＝.T. OR 性别＝女

(27) 在 Visual FoxPro 中，有如下程序，函数 IIF（）返回值是（　　　）。

```
*程序
PRIVATE X,Y
STORE "男" TO X
Y = LEN(X) + 2
? IIF(Y<4,"男","女")
RETURN
```

A. "女"   B. "男"

C. .T.   D. .F.

(28) 在 Visual FoxPro 中，每一个工作区中最多能打开数据库表的数量是（　　　）。

A. 1 个   B. 2 个

C. 任意一个，根据内存资源而确定   D. 35535 个

(29) 在 Visual FoxPro 中，有关参照完整性的删除规则正确的描述是（　　　）。

A. 如果删除规则选择的是"限制"，则当用户删除父表中的记录时，系统将自动删除子表中的所有相关记录

B. 如果删除规则选择的是"级联"，则当用户删除父表中的记录时，系统将禁止删除与子表相关的父表中的记录

C. 如果删除规则选择的是"忽略"，则当用户删除父表中的记录时，系统不负责检查子表中是否有相关记录

D. 上面三种说法都不对

(30) 在 Visual FoxPro 中，报表的数据源不包括（　　　）。

A. 视图   B. 自由表

C. 查询   D. 文本文件

第（31）题至第（35）题基于学生表 S 和学生选课表 SC 两个数据库表，它们的结构如下：

S（学号，姓名，性别，年龄），其中学号、姓名和性别为 C 型字段，年龄为 N 型字段。

SC（学号，课程号，成绩），其中学号和课程号为 C 型字段，成绩为 N 型字段（初始为空值）。

（31）查询学生选修课程成绩小于 60 分的学号，正确的 SQL 语句是（　　）。

    A．SELECT DISTINCT 学号 FROM SC WHERE "成绩" ＜60

    B．SELECT DISTINCT 学号 FROM SC WHERE 成绩 ＜"60"

    C．SELECT DISTINCT 学号 FROM SC WHERE 成绩 ＜60

    D．SELECT DISTINCT "学号" FROM SC WHERE "成绩" ＜60

（32）查询学生表 S 的全部记录并存储于临时表文件 one 中的 SQL 命令是（　　）。

    A．SELECT ＊ FROM 学生表 INTO CURSOR one

    B．SELECT ＊ FROM 学生表 TO CURSOR one

    C．SELECT ＊ FROM 学生表 INTO CURSOR DBF one

    D．SELECT ＊ FROM 学生表 TO CURSOR DBF one

（33）查询成绩在 70 分至 85 分之间学生的学号、课程号和成绩，正确的 SQL 语句是（　　）。

    A．SELECT 学号，课程号，成绩 FROM sc WHERE 成绩 BETWEEN 70 AND 85

    B．SELECT 学号，课程号，成绩 FROM sc WHERE 成绩>=70 OR 成绩<=85

    C．SELECT 学号，课程号，成绩 FROM sc WHERE 成绩>=70 OR<=85

    D．SELECT 学号，课程号，成绩 FROM sc WHERE 成绩>=70 AND<=85

（34）查询有选课记录，但没有考试成绩的学生的学号和课程号，正确的 SQL 语句是（　　）。

    A．SELECT 学号，课程号 FROM sc WHERE 成绩 =

    B．SELECT 学号，课程号 FROM sc WHERE 成绩 = NULL

    C．SELECT 学号，课程号 FROM sc WHERE 成绩 IS NULL

    D．SELECT 学号，课程号 FROM sc WHERE 成绩

（35）查询选修 C2 课程号的学生姓名，下列 SQL 语句中错误的（　　）。

    A．SELECT 姓名 FROM S WHERE EXISTS

      （SELECT ＊ FROM SC WHERE 学号=S. 学号 AND 课程号 = 'C2'）

    B．SELECT 姓名 FROM S WHERE 学号 IN

      （SELECT 学号 FROM SC WHERE 课程号 = 'C2'）

    C．SELECT 姓名 FROM S JOIN SC ON S.

      学号=SC. 学号 WHERE 课程号='C2'

    D．SELECT 姓名 FROM S WHERE 学号=

      （SELECT 学号 FROM SC WHERE 课程号 = 'C2'）

2. 填空题（每空 2 分，共 30 分）

注意：以命令关键字填空的必须拼写完整。

（1）假设用一个长度为 50 的数组（数组元素的下标从 0 到 49）作为栈的存储空间，栈底指针 bottom 指向栈底元素，栈顶指针 top 指向栈顶元素，如果 bottom＝49，top＝30（数组下标），则栈中具有_____个元素。

（2）软件测试可分为白盒测试和黑盒测试。基本路径测试属于_____测试。

（3）符合结构化原则的三种基本控制结构是：选择结构、循环结构和_____。

（4）数据库系统的核心是_____。

（5）在 E－R 图中，图形包括矩形框、菱形框、椭圆框。其中表示实体联系的是_____框。

（6）所谓自由表就是那些不属于任何_____的表。

（7）常量｛^2009－10－01，15：30：00｝的数据类型是_____。

（8）利用 SQL 语句的定义功能建立一个课程表，并且为课程号建立主索引，语句格式为：CREATE TABLE 课程表（课程号 C（5）_____，课程名 C（30））

（9）在 Visual FoxPro 中，程序文件的扩展名是_____。

（10）在 Visual FoxPro 中，SELECT 语句能够实现投影、选择和_____三种专门的关系运算。

（11）在 Visual FoxPro 中，LOCATE ALL 命令按条件对某个表中的记录进行查找，若查不到满足条件的记录，函数 EOF（）的返回值应是_____。

（12）在 Visual FoxPro 中，设有一个学生表 STUDENT，其中有学号、姓名、年龄、性别等字段，用户可以用命令"_____年龄 WITH 年龄＋1"将表中所有学生的年龄增加一岁。

（13）在 Visual FoxPro 中，有如下程序：

```
＊程序名：TEST. PRG
SET TALK OFF
PRIVATE X,Y
X = "数据库"
Y = "管理系统"
DO sub1
? X + Y
RETURN
＊子程序：sub1
PROCEDU sub1
LOCAL X
X = "应用"
Y = "系统"
X = X + Y
RETURN
```

执行命令 DO TEST 后，屏幕显示的结果应是_____。

（14）使用 SQL 语言的 SELECT 语句进行分组查询时，如果希望去掉不满足条件的分组，应当在 GROUP BY 中使用_____子句。

（15）设有 SC（学号，课程号，成绩）表，下面 SQL 的 SELECT 语句检索成绩高于或等于平均成绩的学生的学号。

SELECT 学号 FROM sc

WHERE 成绩＞＝（SELECT _____ FROM sc）

（四）2009 年 9 月全国计算机等级考试
二级 Visual FoxPro 笔试试卷

1. 选择题（每小题 2 分，共 70 分）

下列各题 A、B、C、D 四个选项中，只有一个选项是正确的，请选择。

（1）下列数据结构中，属于非线性结构的是（　　）。

    A. 循环队列   B. 带链队列

    C. 二叉树   D. 带链栈

（2）下列数据结构中，能够按照"先进后出"原则存取数据的是（　　）。

    A. 循环队列   B. 栈

    C. 队列   D. 二叉树

（3）对于循环队列，下列叙述中正确的是（　　）。

    A. 队头指针是固定不变的

    B. 队头指针一定大于队尾指针

    C. 队头指针一定小于队尾指针

    D. 队头指针可以大于队尾指针，也可以小于队尾指针

（4）算法的空间复杂度是指（　　）。

    A. 算法在执行过程中所需要的计算机存储空间

    B. 算法所处理的数据量

    C. 算法程序中的语句或指令条数

    D. 算法在执行过程中所需要的临时工作单元数

（5）软件设计中划分模块的一个准则是（　　）。

    A. 低内聚低耦合   B. 高内聚低耦合

    C. 低内聚高耦合   D. 高内聚高耦合

（6）下列选项中不属于结构化程序设计原则的是（　　）。

    A. 可封装   B. 自顶向下

    C. 模块化   D. 逐步求精

（7）软件详细设计产生的图如下：

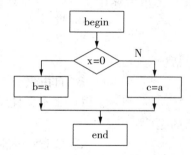

该图是（　　）。

A. N－S图　　　　　　　　　　B. PAD图

C. 程序流程图　　　　　　　　D. E－R图

(8) 数据库管理系统是（　　）。

A. 操作系统的一部分　　　　　B. 在操作系统支持下的系统软件

C. 一种编译系统　　　　　　　D. 一种操作系统

(9) 在E－R图中，用来表示实体联系的图形是（　　）。

A. 椭圆形　　　　　　　　　　B. 矩形

C. 菱形　　　　　　　　　　　D. 三角形

(10) 有三个关系R，S，T如下：

R		
A	B	C
a	1	2
b	2	1
c	3	1

S		
A	B	C
d	3	2

T		
A	B	C
a	1	2
b	2	1
c	3	1
d	3	2

其中关系T由关系R和S通过某种操作得到，该操作称为（　　）。

A. 选择　　　　　　　　　　　B. 投影

C. 交　　　　　　　　　　　　D. 并

(11) 设置文本框显示内容的属性是（　　）。

A. Value　　　　　　　　　　　B. Caption

C. Name　　　　　　　　　　　D. InputMask

(12) 语句 LIST MEMORY LIKE a* 能够显示的变量不包括（　　）。

A. a　　　　　　　　　　　　　B. a1

C. ab2　　　　　　　　　　　　D. ba3

(13) 计算结果不是字符串"Teacher"的语句是（　　）。

A. at（"MyTecaher"，3，7）　　B. substr（"MyTecaher"，3，7）

C. right（"MyTecaher"，7）　　D. left（"Tecaher"，7）

(14) 学生表中有"学号"，"姓名"和"年龄"三个字段，SQL语句"SELECT 学号 FROM 学生"完成的操作称为（　　）。

A. 选择　　　　　　　　　　　B. 投影

C. 连接　　　　　　　　　　　D. 并

(15) 报表的数据源不包括（　　）。

A. 视图　　　　　　　　　　　B. 自由表

C. 数据库表　　　　　　　　　D. 文本文件

(16) 使用索引的主要目的是（　　）。

A. 提高查询速度　　　　　　　B. 节省存储空间

    C. 防止数据丢失   D. 方便管理

(17) 表单文件的扩展名是(   )。

    A. .frm   B. .prg

    C. .scx   D. .vcx

(18) 下列程序段执行时在屏幕上显示的结果是(   )。

```
DIME a(6)
a(1) = 1
a(2) = 1
FOR i = 3 TO 6
a(i) = a(i - 1) + a(i - 2)
NEXT
? a(6)
```

    A. 5   B. 6

    C. 7   D. 8

(19) 下列程序段执行时在屏幕上显示的结果是(   )。

```
x1 = 20
x2 = 30
SET UDFPARMS TO VALUE
DO test With x1,x2
? x1,x2
PROCEDURE test
PARAMETERS a,b
x = a
a = b
b = x
ENDPRO
```

    A. 30   30   B. 30   20

    C. 20   20   D. 20   30

(20) 以下关于"查询"的正确描述是(   )。

    A. 查询文件的扩展名为 .prg   B. 查询保存在数据库文件中

    C. 查询保存在表文件中   D. 查询保存在查询文件中

(21) 以下关于"视图"的正确描述是(   )。

    A. 视图独立于表文件   B. 视图不可更新

    C. 视图只能从一个表派生出来   D. 视图可以删除

(22) 为了隐藏在文本框中输入的信息，用占位符代替显示用户输入的字符，需要设置的属性是(   )。

    A. Value   B. ControlSource

    C. InputMask   D. PasswordChar

(23) 假设某表单的 Visible 属性的初值是 .F.，能将其设置为 .T. 的方法是(   )。

    A. Hide   B. Show

C. Release   D. SetFocus

(24) 在数据库中建立表的命令是(　　　)。

A. CREATE   B. CREATE DATABASE

C. CREATE QUERY   D. CREATE FORM

(25) 让隐藏的 MeForm 表单显示在屏幕上的命令是(　　　)。

A. MeForn. Display   B. MeForm. Show

C. Meforn. List   D. MeForm. See

(26) 在表设计器的"字段"选项卡中，字段有效性的设置项中不包括(　　　)。

A. 规则   B. 信息

C. 默认值   D. 标题

(27) 若 SQL 语句中的 ORDER BY 短语指定了多个字段，则(　　　)。

A. 依次按自右至左的字段顺序排序

B. 只按第一个字段排序

C. 依次按自左至右的字段顺序排序

D. 无法排序

(28) 在 Visual FoxPro 中，下面关于属性，方法和事件的叙述错误的是(　　　)。

A. 属性用于描述对象的状态，方法用于表示对象的行为

B. 基于同一个类产生的两个对象可以分别设置自己的属性值

C. 事件代码也可以像方法一样被显示调用

D. 在创建一个表单时，可以添加新的属性、方法和事件

(29) 下列函数返回类型为数值型的是(　　　)。

A. STR   B. VAL

C. DTOC   D. TTOC

(30) 与"SELECT ＊ FROM 教师表 INTO DBF A"等价的语句是(　　　)。

A. SELECT ＊ FROM 教师表 TO DBF A

B. SELECT ＊ FROM 教师表 TO TABLE A

C. SELECT ＊ FROM 教师表 INTO TABLE A

D. SELECT ＊ FROM 教师表 INTO A

(31) 查询"教师表"的全部记录并存储于临时文件 one. dbf 中的 SQL 命令是(　　　)。

A. SELECT ＊ FROM　教师表 INTO CURSOR one

B. SELECT ＊ FROM　教师表 TO CURSOR one

C. SELECT ＊ FROM　教师表 INTO CURSOR DBF one

D. SELECT ＊ FROM　教师表 TO CURSOR DBF one

(32) "教师表"中有"职工号"、"姓名"和"工龄"字段，其中"职工号"为主关键字，建立"教师表"的 SQL 命令是(　　　)。

A. CREATE TABLE 教师表 (职工号 C (10) PRIMARY, 姓名 C (20), 工龄 I)

B. CREATE TABLE 教师表 (职工号 C (10) FOREIGN, 姓名 C (20), 工龄 I)

C. CREATE TABLE 教师表（职工号 C（10）FOREIGN KEY，姓名 C（20），工龄 I）

D. CREATE TABLE 教师表（职工号 C（10）PRIMARY KEY，姓名 C（20），工龄 I）

（33）创建一个名为 student 的新类，保存新类的类库名称是 mylib，新类的父类是 Person，正确的命令是（   ）。

A. CREATE CLASS mylib OF student As Person

B. CREATE CLASS student OF Person As mylib

C. CREATE CLASS student OF mylib As Person

D. CREATE CLASS Person OF mylib As student

（34）"教师表"中有"职工号"、"姓名"、"工龄"和"系号"等字段，"学院表"中有"系名"和"系号"等字段，计算"计算机"系教师总数的命令是（   ）。

A. SELECT COUNT（*）FROM 教师表 INNER JOIN 学院表；
ON 教师表 . 系号＝学院表 . 系号 WHERE 系名＝"计算机"

B. SELECT COUNT（*）FROM 教师表 INNER JOIN 学院表；
ON 教师表 . 系号＝学院表 . 系号 ORDER BY 教师表 . 系号；
HAVING 学院表 . 系名＝"计算机"

C. SELECT COUNT（*）FROM 老师表 INNER JOIN 学院表；
ON 教师表 . 系号＝学院表 . 系号 GROUP BY 教师表 . 系号；
HAVING 学院表 . 系名＝"计算机"

D. SELECT SUM（*）FROM 老师表 INNER JOIN 学院表；
ON 教师表 . 系号＝学院表 . 系号 ORDER BY 教师表 . 系号；
HAVING 学院表 . 系名＝"计算机"

（35）"教师表"中有"职工号"、"姓名"、"工龄"和"系号"等字段，"学院表"中有"系名"和"系号"等字段，求教师总数最多的系的教师人数，正确的命令是（   ）。

A. SELECT 教师表 . 系号，COUNT（*）AS 人数 FROM 教师表，学院表；
GROUP BY 教师表 . 系号 INTO DBF TEMP
SELECT MAX（人数）FROM TEMP

B. SELECT 教师表 . 系号 COUNT（*）FROM 教师表，学院表；
WHERE 教师表 . 系号＝学院表 . 系号 GROUP BY 教师表 .
系号 INTO DBF TEMP SELECT MAX（人数）FROM TEMP

C. SELECT 教师表 . 系号，COUNT（*）AS 人数 FROM 教师表，学院表；
WHERE 教师表 . 系号＝学院表 . 系号 GROUP BY 教师表，
系号 TO FILE TEMP SELECT MAX（人数）FROM TEMP

D. SELECT 教师表 . 系号，COUNT（*）AS 人数 FROM 教师表，学院表；
WHERE 教师表 . 系号＝学院表 . 系号 GROUP BY 教师表 .
系号 INTO DBF TEMP SELECT MAX（人数）FROM TEMP

2. 填空题（每空 2 分，共 30 分）

注意：以命令关键字填空的必须拼写完整。

（1）某二叉树有 5 个度为 2 的结点以及 3 个度为 1 的结点，则该二叉树中共有_____个结点。

（2）程序流程图的菱形框表示的是_____。

（3）软件开发过程主要分为需求分析、设计、编码与测试四个阶段，其中_____阶段产生"软件需求规格说明书"。

（4）在数据库技术中，实体集之间的联系可以是一对一或一对多或多对多的，那么"学生"和"可选课程"的联系为_____。

（5）人员基本信息一般包括：身份证号，姓名，性别，年龄等。其中可以作为主关键字的是_____。

（6）命令按钮的 Cancel 属性的默认值是_____。

（7）在关系操作中，从表中取出满足条件的元组的操作称作_____。

（8）在 Visual FoxPro 中，表示时间 2009 年 3 月 3 日的常量应写为_____。

（9）在 Visual FoxPro 中的"参照完整性"中，"插入规则"包括的选择是"限制"和_____。

（10）删除视图 MyView 的命令是_____。

（11）查询设计器中的"分组依据"选项卡与 SQL 语句的_____短语对应。

（12）项目管理器的数据选项卡用于显示和管理数据库、查询、视图和_____。

（13）可以使编辑框的内容处于只读状态的两个属性是 ReadOnly 和_____。

（14）为"成绩"表中"总分"字段增加有效性规则："总分必须大于等于 0 并且小于等于 750"，正确的 SQL 语句是：_____ TABLE 成绩 ALTER 总分_____总分＞＝0 AND 总分＜＝750。

（五）2010年3月全国计算机等级考试
二级 Visual FoxPro 笔试试卷

1. 选择题（每小题 2 分，共 70 分）

下列各题 A、B、C、D 四个选项中，只有一个选项是正确的，请选择。

(1) 下列叙述中正确的是（   ）。

    A. 对长度为 n 的有序链表进行查找，最坏情况下需要的比较次数为 n

    B. 对长度为 n 的有序链表进行对分查找，最坏情况下需要的比较次数为 $n/2$

    C. 对长度为 n 的有序链表进行对分查找，最坏情况下需要的比较次数为 $\log_2 n$

    D. 对长度为 n 的有序链表进行对分查找，最坏情况下需要的比较次数为 $(n\log_2 n)$

(2) 算法的时间复杂度是指（   ）。

    A. 算法的执行时间

    B. 算法所处理的数据量

    C. 算法程序中的语句或指令条数

    D. 算法在执行过程中所需要的基本运算次数

(3) 软件按功能可以分为：应用软件、系统软件和支撑软件（或工具软件）。下面属于系统软件的是（   ）。

    A. 编辑软件   B. 操作系统

    C. 教务管理系统   D. 浏览器

(4) 软件（程序）调试的任务是（   ）。

    A. 诊断和改正程序中的错误   B. 尽可能多地发现程序中的错误

    C. 发现并改正程序中的所有错误   D. 确定程序中错误的性质

(5) 数据流程图（DFD图）是（   ）。

    A. 软件概要设计的工具   B. 软件详细设计的工具

    C. 结构化方法的需求分析工具   D. 面向对象方法的需求分析工具

(6) 软件生命周期可分为定义阶段、开发阶段和维护阶段。详细设计属于（   ）。

    A. 定义阶段   B. 开发阶段

    C. 维护阶段   D. 上述三个阶段

(7) 数据库管理系统中负责数据模式定义的语言是（   ）。

    A. 数据定义语言   B. 数据管理语言

    C. 数据操纵语言   D. 数据控制语言

(8) 在学生管理的关系数据库中，存取一个学生信息的数据单位是（   ）。

    A. 文件   B. 数据库

    C. 字段   D. 记录

(9) 数据库设计中，用 E-R 图来描述信息结构但不涉及信息在计算机中的表示，它属于数据库设计的是(　　)。

   A. 需求分析阶段　　　　　　　　　B. 逻辑设计阶段

   C. 概念设计阶段　　　　　　　　　D. 物理设计阶段

(10) 有两个关系 R 和 T 如下：

R		
A	B	C
a	1	2
b	2	1
c	3	1
d	3	2

T		
A	B	C
c	3	2
d	3	2

则由关系 R 得到关系 T 的操作是(　　)。

   A. 选择　　　　　　　　　　　　B. 投影

   C. 交　　　　　　　　　　　　　D. 并

(11) 在 Visual FoxPro 中，编译后的程序文件的扩展名为(　　)。

   A. .prg　　　　　　　　　　　　B. .exe

   C. .dbc　　　　　　　　　　　　D. .fxp

(12) 假设表文件 TEST.DBF 已经在当前工作区打开，要修改其结构，可使用命令(　　)。

   A. MODI STRU　　　　　　　　B. MODI COMM TEST

   C. MODI DBF　　　　　　　　　D. MODI TYPE TEST

(13) 为当前表中所有学生的总分增加 10 分，可以使用的命令是(　　)。

   A. CHANGE 总分 WITH 总分＋10

   B. PEPLACE 总分 WITH 总分＋10

   C. CHANGE ALL 总分 WITH 总分＋10

   D. PEPLACE ALL 总分 WITH 总分＋10

(14) 在 Visual FoxPro 中，下面关于属性、事件、方法叙述错误的是(　　)。

   A. 属性用于描述对象的状态

   B. 方法用于表示对象的行为

   C. 事件代码也可以像方法一样被显式调用

   D. 基于同一个类产生的两个对象的属性不能分别设置自己的属性值

(15) 有如下赋值语句，结果为"大家好"的表达式是(　　)。

a = "你好"

b = "大家"

   A. b＋AT（a，1）　　　　　　　B. b＋RIGHT（a，1）

   C. b＋LEFT（a，3，4）　　　　　D. b＋RIGHT（a，2）

(16) 在 Visual FoxPro 中，"表"是指(　　)。

   A. 报表　　　　　　　　　　　　B. 关系

   C. 表格控件　　　　　　　　　　D. 表单

(17) 在下面的 Visual FoxPro 表达式中，运算结果为逻辑真的是（　　　）。

  A. EMPTY（. NULL.）   B. LIKE（'xy？', 'xyz'）

  C. AT（'xy', 'abcxyz'）   D. LSNULL（SPACE（0））

(18) 以下关于视图的描述正确的是（　　　）。

  A. 视图和表一样包含数据   B. 视图物理上不包含数据

  C. 视图定义保存在命令文件中 D. 视图定义保存在视图文件中

(19) 以下关于关系的说法正确的是（　　　）。

  A. 列的次序非常重要   B. 行的次序非常重要

  C. 列的次序无关紧要   D. 关键字必须指定为第一列

(20) 报表的数据源可以是（　　　）。

  A. 表或视图   B. 表或查询

  C. 表、查询或视图   D. 表或其他报表

(21) 在表单中为表格控件指定数据源的属性是（　　　）。

  A. DataSource   B. RecordSource

  C. DataFrom   D. RecordFrom

(22) 如果指定参照完整性的删除规则为"级联"，则当删除父表中的记录时，下列说法正确的是（　　　）。

  A. 系统自动备份父表中被删除记录到一个新表中

  B. 若子表中有相关记录，则禁止删除父表中记录

  C. 会自动删除子表中所有相关记录

  D. 不作参照完整性检查，删除父表记录与子表无关

(23) 为了在报表中打印当前时间，这时应该插入一个（　　　）。

  A. 表达式控件   B. 域控件

  C. 标签控件   D. 文本控件

(24) 以下关于查询的描述正确的是（　　　）。

  A. 不能根据自由表建立查询 B. 只能根据自由表建立查询

  C. 只能根据数据库表建立查询 D. 可以根据数据库表和自由表建立查询

(25) SQL 语言的更新命令的关键词是（　　　）。

  A. INSERT   B. UPDATE

  C. CREATE   D. SELECT

(26) 将当前表单从内存中释放的正确语句是（　　　）。

  A. ThisForm. Close   B. ThisForm. Clear

  C. ThisForm. Release   D. ThisFornn. Refresh

(27) 假设职员表已在当前工作区打开，其当前记录的"姓名"字段值为"李彤"（C 型字段）。在命令窗口输入并执行如下命令：

  姓名 = 姓名 - "出勤"

  ? 姓名

  屏幕上会显示（　　　）。

    A. 李彤   B. 李彤　出勤

    C. 李彤出勤   D. 李彤一出勤

(28) 假设"图书"表中有 C 型字段"图书编号",要求将图书编号以字母 A 开头的图书记录全部打上删除标记,可以使用 SQL 命令( )。

    A. DELETE FROM 图书 FOR 图书编号＝"A"

    B. DELETE FROM 图书 WHERE 图书编号＝"A%"

    C. DELETE FROM 图书 FOR 图书编号＝"A＊"

    D. DELETE FROM 图书 WHERE 图书编号 LIKE "A%"

(29) 下列程序段的输出结果是( )。

```
ACCEPT TO A
IF A = [123]
S = 0
ENDIF
S = 1
? S
```

    A. 0   B. 1

    C. 123   D. 由 A 的值决定

第 (30) 题至第 (35) 题基于图书表、读者表和借阅表三个数据库表,它们的结构如下:

图书 (图书编号,书名,第一作者,出版社):图书编号、书名、第一作者和出版社为 C 型字段,图书编号为主关键字;

读者 (借书证号,单位,姓名,职称):借书证号、单位、姓名、职称为 C 型字段,借书证号为主关键字;

借阅 (借书证号,图书编号,借书日期,还书日期):借书证号和图书编号为 C 型字段,借书日期和还书日期为 D 型字段,还书日期默认值为 NULL,借书证号和图书编号共同构成主关键字。

(30) 查询第一作者为"张三"的所有书名及出版社,正确的 SQL 语句是( )。

    A. SELECT 书名,出版社 FROM 图书 WHERE 第一作者＝张三

    B. SELECT 书名,出版社 FROM 图书 WHERE 第一作者＝"张三"

    C. SELECT 书名,出版社 FROM 图书 WHERE "第一作者"＝张三

    D. SELECT 书名,出版社 FROM 图书 WHERE "第一作者"＝"张三"

(31) 查询尚未归还书的图书编号和借书日期,正确的 SQL 语句是( )。

    A. SELECT 图书编号,借书日期 FROM 借阅 WHERE 还书日期＝" "

    B. SELECT 图书编号,借书日期 FROM 借阅 WHERE 还书日期＝NULL

    C. SELECT 图书编号,借书日期 FROM 借阅 WHERE 还书日期 IS NULL

    D. SELECT 图书编号,借书日期 FROM 借阅 WHERE 还书日期

(32) 查询"读者"表的所有记录并存储于临时表文件 one 中的 SQL 语句是( )。

    A. SELECT ＊ FROM 读者 INTO CURSOR one

    B. SELECT * FROM 读者 TO CURSOR one

    C. SELECT * FROM 读者 INTO CURSOR DBF one

    D. SELECT * FROM 读者 TO CURSOR DBF one

（33）查询单位名称中含"北京"字样的所有读者的借书证号和姓名，正确的 SQL
    语句是（   ）。

    A. SELECT 借书证号，姓名 FROM 读者 WHERE 单位＝"北京％"

    B. SELECT 借书证号，姓名 FROM 读者 WHERE 单位＝"北京＊"

    C. SELECT 借书证号，姓名 FROM 读者 WHERE 单位 LIKE "北京＊"

    D. SELECT 借书证号，姓名 FROM 读者 WHERE 单位 LIKE "％北京％"

（34）查询 2009 年被借过书的图书编号和借书日期，正确的 SQL 语句是（   ）。

    A. SELECT 图书编号，借书日期 FROM 借阅 WHERE 借书日期＝2009

    B. SELECT 图书编号，借书日期 FROM 借阅 WHERE year（借书日期）
      ＝2009

    C. SELECT 图书编号，借书日期 FROM 借阅 WHERE 借书日期
      ＝year（2009）

    D. SELECT 图书编号，借书日期 FROM 借阅 WHERE year（借书日期）
      ＝year（2009）

（35）查询所有"工程师"读者借阅过的图书编号，正确的 SQL 语句是（   ）。

    A. SELECT 图书编号 FROM 读者，借阅 WHERE 职称＝"工程师"

    B. SELECT 图书编号 FROM 读者，图书 WHERE 职称＝"工程师"

    C. SELECT 图书编号 FROM 借阅 WHERE 图书编号＝
      （SELECT 图书编号 FROM 借阅 WHERE 职称＝"工程师"）

    D. SELECT 图书编号 FROM 借阅 WHERE 借书证号 IN
      （SELECT 借书证号 FROM 读者 WHERE 职称＝"工程师"）

2. 填空题（每空 2 分，共 30 分）

注意：以命令关键字填空的必须拼写完整。

（1）一个队列的初始状态为空。现将元素 A，B，C，D，E，F，5，4，3，2，1
依次入队，然后再依次退队，则元素退队的顺序为_____。

（2）设某循环队列的容量为 50，如果头指针 front＝45（指向队头元素的前一位
置），尾指针 rear＝10（指向队尾元素），则该循环队列中共有_____个元素。

（3）设二叉树如下：

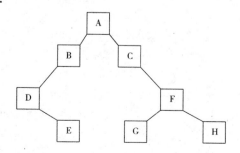

对该二叉树进行后序遍历的结果为_____。

（4）软件是_____、数据和文档的集合。

（5）有一个学生选课的关系，其中学生的关系模式为：学生（学号，姓名，班级，年龄），课程的关系模式为：课程（课号，课程名，学时），其中两个关系模式的键分别是学号和课号。则关系模式选课可定义为：选课（学号，_____，成绩）。

（6）为表建立主索引或候选索引可以保证数据的_____完整性。

（7）已有查询文件 queryone.qpr，要执行该查询文件可使用命令_____。

（8）在 Visual FoxPro 中，职工表 EMP 中包含有通用型字段，表中通用型字段中的数据均存储到另一个文件中，该文件名为_____。

（9）在 Visual FoxPro 中，建立数据库表时，将年龄字段值限制在 18～45 岁之间的这种约束属于_____完整性约束。

（10）设有学生和班级两个实体，每个学生只能属于一个班级，一个班级可以有多名学生，则学生和班级实体之间的联系类型是_____。

（11）Visual ForPro 数据库系统所使用的数据的逻辑结构是_____。

（12）在 SQL 语言中，用于对查询结果计数的函数是_____。

（13）在 SQL 的 SELECT 查询中，使用_____关键词消除查询结果中的重复记录。

（14）为"学生"表的"年龄"字段增加有效性规则"年龄必须在 18～45 岁之间"的 SQL 语句是 ALTER TABLE 学生 ALTER 年龄_____年龄<=45 AND 年龄>=18。

（15）使用 SQL SELECT 语句进行分组查询时，有时要求分组满足某个条件时才查询，这时可以用_____子句来限定分组。

（六）2010 年 9 月全国计算机等级考试
二级 Visual FoxPro 笔试试卷

1. 选择题（每小题 2 分，共 70 分）

下列各题 A、B、C、D 四个选项中，只有一个选项是正确的，请选择。

（1）下列叙述中正确的是（　　　）。

    A. 线性表的链式存储结构与顺序存储结构所需要的存储空间是相同的

    B. 线性表的链式存储结构所需要的存储空间一般要多于顺序存储结构

    C. 线性表的链式存储结构所需要的存储空间一般要少于顺序存储结构

    D. 上述三种说法都不对

（2）下列叙述中正确的是（　　　）。

    A. 在栈中，栈中元素随栈底指针与栈顶指针的变化而动态变化

    B. 在栈中，栈顶指针不变，栈中元素随栈底指针的变化而动态变化

    C. 在栈中，栈底指针不变，栈中元素随栈顶指针的变化而动态变化

    D. 上述三种说法都不对

（3）软件测试的目的是（　　　）。

    A. 评估软件可靠性   B. 发现并改正程序中的错误

    C. 改正程序中的错误   D. 发现程序中的错误

（4）下面描述中，不属于软件危机表现的是（　　　）。

    A. 软件过程不规范   B. 软件开发生产率低

    C. 软件质量难以控制   D. 软件成本不断提高

（5）软件生命周期是指（　　　）。

    A. 软件产品从提出、实现、使用维护到停止使用退役的过程

    B. 软件从需求分析、设计、实现到测试完成的过程

    C. 软件的开发过程   D. 软件的运行维护过程

（6）面向对象方法中，继承是指（　　　）。

    A. 一组对象所具有的相似性质   B. 一个对象具有另一个对象的性质

    C. 各对象之间的共同性质   D. 类之间共享属性和操作的机制

（7）层次型、网状型和关系型数据库划分原则是（　　　）。

    A. 记录长度   B. 文件的大小

    C. 联系的复杂程度   D. 数据之间的联系方式

（8）一个工作人员可以使用多台计算机，而一台计算机可被多个人使用，则实体工作人员、与实体计算机之间的联系是（　　　）。

    A. 一对一   B. 一对多

    C. 多对多   D. 多对一

（9）数据库设计中反映用户对数据要求的模式是（　　　）。

    A. 内模式   B. 概念模式

    C. 外模式   D. 设计模式

(10) 有三个关系 R、S 和 T 如下:

R

A	B	C
a	1	2
b	2	1
c	3	1

S

A	D
c	4

T

A	B	C	D
c	3	1	4

    则由关系 R 和 S 得到关系 T 的操作是(   )。

    A. 自然连接   B. 交

    C. 投影   D. 并

(11) 在 Visual FoxPro 中,要想将日期型或日期时间型数据中的年份用 4 位数字显示,应当使用一设置命令(   )。

    A. SET CENTURY ON   B. SET CENTURY TO 4

    C. SET YEAR TO 4   D. SET YAER TO yyyy

(12) 设 A= [6 * 8−2]、B=6 * 8−2、C="6 * 8−2",属于合法表达式的是(   )。

    A. A+B   B. B+C

    C. A−C   D. C−B

(13) 假设在数据库表的表设计器中,字符型字段"性别"已被选中,正确的有效性规则设置是(   )。

    A. ="男" .R. "女"   B. 性别="男" .R. "女"

    C. $"男"   D. 性别 $"男女"

(14) 在当前打开的表中,显示"书名"以"计算机"打头的所有图书,正确的命令是(   )。

    A. list for 书名="计算 * "   B. list for 书名="计算机"

    C. list for 书名="计算%"   D. list where 书名="计算机"

(15) 连续执行以下命令,最后一条命令的输出结果是(   )。

SET EXACT OFF

a = "北京"

b = (a = "北京交通")

? b

    A. 北京   B. 北京交通

    C. .F.   D. 出错

(16) 设 x="123",y=123,k="y",表达式 x+&k 的值是(   )。

    A. 123123   B. 246

    C. 123y   D. 数据类型不匹配

(17) 运算结果不是 2010 的表达式是(   )。

    A. int (2010.9)   B. round (2010.1,0)

C. ceiling（2010.1）   D. floor（2010.9）

(18) 在建立表间一对多的永久联系时，主表的索引类型必须是（   ）。

     A. 主索引或候选索引

     B. 主索引、候选索引或唯一索引

     C. 主索引、候选索引、唯一索引或普通索引

     D. 可以不建立索引

(19) 在表设计器中设置的索引包含在（   ）。

     A. 独立索引文件中   B. 唯一索引文件中

     C. 结构复合索引文件中   D. 非结构复合索引文件中

(20) 假设表"学生.dbf"已在某个工作区打开，且取别名为 student。选择"学生"表所在工作区为当前工作区的命令是（   ）。

     A. SELECT 0   B. USE 学生

     C. SELECT 学生   D. SELECT student

(21) 删除视图 myview 的命令是（   ）。

     A. DELETE myview   B. DELETE VIEW myview

     C. DROP VIEW myview   D. REMOVE VIEW myview

(22) 下面关于列表框和组合框的陈述中，正确的是（   ）。

     A. 列表框可以设置成多重选择，而组合框不能

     B. 组合框可以设置成多重选择，而列表框不能

     C. 列表框和组合框都可以设置成多重选择

     D. 列表框和组合框都不能设置成多重选择

(23) 在表单设计器环境中，为表单添加一选项按钮组：⊙男○女。默认情况下，第一个选项按钮"男"选中状态，此时该选项按钮组的 Value 属性值为（   ）。

     A. 0   B. 1

     C. "男"   D. .T.

(24) 在 Visual FoxPro 中，属于命令按钮属性的是（   ）。

     A. Parent   B. This

     C. ThisForm   D. Click

(25) 在 Visual FoxPro 中，可视类库文件的扩展名是（   ）。

     A. .dbf   B. .scx

     C. .vcx   D. .dbc

(26) 为了在报表中打印当前时间，应该在适当区域插入一个（   ）。

     A. 标签控件   B. 文本框

     C. 表达式   D. 域控件

(27) 在菜单设计中，可以在定义菜单名称时为菜单项指定一个访问键。指定访问键为"x"名称定义是（   ）。

     A. 综合查询（\＞X）   B. 综合查询（/＞x）

C. 综合查询（\＜X）　　　　　D. 综合查询（/＜X）

(28) 假设新建了一个程序文件 myProc. prg（不存在同名的 . exe，. app 和 . fxp 文件），然后在命令窗口输入命令 DO myProc，执行该程序并获得正常的结果。现在用命令 ERASE myProc. prg 删除该程序文件，然后再次执行命令 DO myProc，产生的结果是（　　　　）。

 A. 出错（找不到文件）

 B. 与第一次执行的结果相同

 C. 系统打开"运行"对话框，要求指定文件

 D. 以上都不对

(29) 以下关于视图描述错误的是（　　　　）。

 A. 只有在数据库中可以建立视图

 B. 视图定义保存在视图文件中

 C. 从用户查询的角度视图和表一样

 D. 视图物理上不包括数据

(30) 关闭释放表单的方法是（　　　　）。

 A. shut　　　　　　　　　　B. closeForm

 C. release　　　　　　　　　D. close

第（31）题至第（35）题使用如下数据表：

学生 . DBF：学号（C，8），姓名（C，6），性别（C，2）

选课 . DBF：学号（C，8），课程号（C，3），成绩（N，3）

(31) 从"选课"表中检索成绩大于等于 60 并且小于 90 的记录信息，正确的 SQL 命令是（　　　　）。

 A. SELECT * FROM 选课 WHERE 成绩 BETWEEN 60 AND 89

 B. SELECT * FROM 选课 WHERE 成绩 BETWEEN 60 TO 89

 C. SELECT * FROM 选课 WHERE 成绩 BETWEEN 60 AND 90

 D. SELECT * FROM 选课 WHERE 成绩 BETWEEN 60 TO 90

(32) 检索还未确定成绩的学生选课信息，正确的 SQL 命令是（　　　　）。

 A. SELECT 学生 . 学号，姓名，选课 . 课程号 FROM 学生 JOIN 选课
  WHERE 学生 . 学号＝选课 . 学号 AND 选课 . 成绩 IS NULL

 B. SELECT 学生 . 学号，姓名，选课 . 课程号 FROM 学生 JOIN 选课
  WHERE 学生 . 学号＝选课 . 学号 AND 选课 . 成绩＝NULL

 C. SELECT 学生 . 学号，姓名，选课 . 课程号 FROM 学生 JOIN 选课
  ON 学生 . 学号＝选课 . 学号 WHERE 选课 . 成绩 IS NULL

 D. SELECT 学生 . 学号，姓名，选课 . 课程号 FROM 学生 JOIN 选课
  ON 学生 . 学号＝选课 . 学号 WHERE 选课 . 成绩＝NULL

(33) 假设所有的选课成绩都已确定。显示"101"号课程成绩中最高的 10％记录信息，正确的 SQL 命令是（　　　　）。

A. SELECT * TOP 10 FROM 选课 ORDER BY
　　成绩 WHERE 课程号＝"101"

B. SELECT * PERCENT 10 FROM 选课 ORDER BY
　　成绩 DESC WHERE 课程号＝"101"

C. SELECT * TOP 10 PERCENT FROM 选课 ORDER BY
　　成绩 WHERE 课程号＝"101"

D. SELECT * TOP 10 PERCENT FROM 选课 ORDER BY
　　成绩 DESC WHERE 课程号＝"101"

（34）假设所有学生都已选课，所有的选课成绩都已确定。检索所有选课成绩都在 90 分以上（含）的学生信息，正确的 SQL 命令是(　　)。

A. SELECT * FROM 学生 WHERE 学号 IN
　　（SELECT 学号 FROM 选课 WHERE 成绩＞＝90）

B. SELECT * FROM 学生 WHERE 学号 NOT IN
　　（SELECT 学号 FROM 选课 WHERE 成绩＜90）

C. SELECT * FROM 学生 WHERE 学号！＝ANY
　　（SELECT 学号 FROM 选课 WHERE 成绩＜90）

D. SELECT * FROM 学生 WHERE 学号＝ANY
　　（SELECT 学号 FROM 选课 WHERE 成绩＞＝90）

（35）为"选课"增加一个"等级"字段，其类型为 C、宽度为 2，正确的 SQL 命令是(　　)。

A. ALTER TABLE 选课 ADD FIELD 等级 C（2）

B. ALTER TABLE 选课 ALTER FIELD 等级 C（2）

C. ALTER TABLE 选课 ADD 等级 C（2）

D. ALTER TABLE 选课 ALTER 等级 C（2）

2. 填空题（每空 2 分，共 30 分）

注意：以命令关键字填空的必须拼写完整。

（1）一个栈的初始状态为空。首先将元素 5，4，3，2，1 依次入栈，然后退栈一次，再将元素 A，B，C，D 依次入栈，之后将所有元素全部退栈，则所有元素退栈（包括中间退栈的元素）的顺序为_____。

（2）在长度为 n 的线性表中，寻找最大项至少需要比较_____次。

（3）一棵二叉树有 10 个度为 1 的结点，7 个度为 2 的结点，则该二叉树共有_____个结点。

（4）仅由顺序、选择（分支）和重复（循环）结构构成的程序是_____程序。

（5）数据库设计的四个阶段是：需求分析，概念设计，逻辑设计和_____。

（6）Visual Foxpro 索引文件不改变表中记录的_____顺序。

（7）表达式 score＜＝100 AND score＞＝0 的数据类型是_____。

（8）A = 10
　　B = 20

? IIF(A>B,"A 大于即 B","A 不大于 B")

执行上述程序段，显示的结果是_____。

（9）参照完整性规则包括更新规则、删除规则和_____规则。

（10）如果文本框中只能输入数字和正负号，需要设置文本框的_____属性。

（11）在 SQL Select 语句中使用 Group By 进行分组查询时，如果要求分组满足指定条件，则需要使用_____子句来限定分组。

（12）预览报表 myreport 的命令是 REPORT FORM myreport _____。

（13）将"学生"表中学号左 4 位为"2010"的记录存储到新表 new 中的命令是 SELECT * FROM 学生 WHEREE _____ =" 2010" _____ DBF new

（14）将"学生"表中的学号字段的宽度由原来的 10 改为 12（字符型），应使用的命令是：ALTER TABLE 学生_____。

（七）2011 年 3 月全国计算机等级考试
二级 Visual FoxPro 笔试试卷

1. 选择题（每小题 2 分，共 70 分）

下列各题 A、B、C、D 四个选项中，只有一个选项是正确的，请选择。

（1）下列关于栈叙述正确的是（　　）。

    A. 栈顶元素最先能被删除　　　　　B. 栈顶元素最后才能被删除

    C. 栈底元素永远不能被删除　　　　D. 以上三种说法都不对

（2）下列叙述中正确的是（　　）。

    A. 有一个以上根结点的数据结构不一定是非线性结构

    B. 只有一个根结点的数据结构不一定是线性结构

    C. 循环链表是非线性结构

    D. 双向链表是非线性结构

（3）某二叉树共有 7 个结点，其中叶子结点只有 1 个，则该二叉树的深度为 （假设根结点在第 1 层）（　　）。

    A. 3　　　　　　　　　　　　　　B. 4

    C. 6　　　　　　　　　　　　　　D. 7

（4）在软件开发中，需求分析阶段产生的主要文档是（　　）。

    A. 软件集成测试计划　　　　　　　B. 软件详细设计说明书

    C. 用户手册　　　　　　　　　　　D. 软件需求规格说明书

（5）结构化程序所要求的基本结构不包括（　　）。

    A. 顺序结构　　　　　　　　　　　B. GOTO 跳转

    C. 选择（分支）结构　　　　　　　D. 重复（循环）结构

（6）下面描述中错误的是（　　）。

    A. 系统总体结构图支持软件系统的详细设计

    B. 软件设计是将软件需求转换为软件表示的过程

    C. 数据结构与数据库设计是软件设计的任务之一

    D. PAD 图是软件详细设计的表示工具

（7）负责数据库中查询操作的数据库语言是（　　）。

    A. 数据定义语言　　　　　　　　　B. 数据管理语言

    C. 数据操纵语言　　　　　　　　　D. 数据控制语言

（8）一个教师可讲授多门课程，一门课程可由多个教师讲授，则实体教师和课程间的联系是（　　）。

    A. 1：1 联系　　　　　　　　　　　B. 1：m 联系

    C. m：1 联系　　　　　　　　　　　D. m：n 联系

（9）有三个关系 R、S 和 T 如下：

R
A	B	C
a	1	2
b	2	1
c	3	1

S
A	B
c	3

T
D
1

则由关系 R 和 S 得到关系 T 的操作是（　　　）。

A. 自然连接　　　　　　　　　　B. 交

C. 除　　　　　　　　　　　　　D. 并

（10）定义无符号整数类为 UInt，下面可以作为类 UInt 实例化值的是（　　　）。

A. −369　　　　　　　　　　　　B. 369

C. 0.369　　　　　　　　　　　　D. 整数集合 {1，2，3，4，5}

（11）在建立数据库表时给该表指定了主索引，该索引实现了数据完整性中的
（　　　）。

A. 参照完整性　　　　　　　　　B. 实体完整性

C. 域完整性　　　　　　　　　　D. 用户定义完整性

（12）执行如下命令的输出结果是（　　　）。

? 15 % 4,15 % − 4

A. 3　−1　　　　　　　　　　　　B. 3　3

C. 1　1　　　　　　　　　　　　D. 1　−1

（13）在数据库表中，要求指定字段或表达式不出现重复值，应该建立的索引是
（　　　）。

A. 唯一索引　　　　　　　　　　B. 唯一索引和候选索引

C. 唯一索引和主索引　　　　　　D. 主索引和候选索引

（14）给 student 表增加一个"平均成绩"字段（数值型，总宽度 6，2 位小数）的
SQL 命令是（　　　）。

A. ALTER TABLE student ADD 平均成绩 N（b，2）

B. ALTER TABLE student ADD 平均成绩 D（6，2）

C. ALTER TABLE student ADD 平均成绩 E（6，2）

D. ALTER TABLE student ADD 平均成绩 Y（6，2）

（15）在 Visual FoxPro 中，执行 SQL 的 DELETE 命令和传统的 FoxPro DELETE
命令都可以删除数据库表中的记录，下面正确的描述是（　　　）。

A. SQL 的 DELETE 命令删除数据库表中的记录之前，不需要先用 USE 命
令打开表

B. SQL 的 DELETE 命令和传统的 FoxPro DELETE 命令删除数据库表中的
记录之前，都需要先用命令 USE 打开表

C. SQL 的 DELETE 命令可以物理地删除数据库表中的记录，而传统 Fox-
Pro DELETE 命令只能逻辑删除数据库表中的记录

D. 传统的 FoxPro DELETE 命令还可以删除其他工作区中打开的数据库表中的记录

(16) 在 Visual FoxPro 中，如果希望跳出 SCAN…ENDSCAN 循环语句、执行 ENDSCAN 后面的语句，应使用(　　)。

    A. LOOP 语句　　　　　　　　　B. EXIT 语句

    C. BREAK 语句　　　　　　　　　D. RETURN 语句

(17) 在 Visual FoxPro 中，"表"通常是指(　　)。

    A. 表单　　　　　　　　　　　　B. 报表

    C. 关系数据库中的关系　　　　　D. 以上都不对

(18) 删除 student 表的"平均成绩"字段的正确 SQL 命令是(　　)。

    A. DELETE TABLE student DELETE COLUMN 平均成绩

    B. ALTER TABLE student DELETE COLUMN 平均成绩

    C. ALTER TABLE student DROP COLUMN 平均成绩

    D. DELETE TABLE student DROP COLUMN 平均成绩

(19) 在 Visual FoxPro 中，关于视图的正确描述是(　　)。

    A. 视图也称作窗口

    B. 视图是一个预先定义好的 SQL SELECT 语句文件

    C. 视图是一种用 SQL SELECT 语句定义的虚拟表

    D. 视图是一个存储数据的特殊表

(20) 从 student 表删除年龄大于 30 的记录的正确 SQL 命令是(　　)。

    A. DELETE FOR 年龄＞30

    B. DELETE FROM student WHERE 年龄＞30

    C. DELETE student FOR 年龄＞30

    D. DELETE student WHERE 年龄＞30

(21) 在 Visual FoxPro 中，使用 LOCATE FOR ＜expL＞命令按条件查找记录，当查找到满足条件的第一条记录后，如果还需要查找下一条满足条件的记录，应该(　　)。

    A. 再次使用 LOCATE 命令重新查询

    B. 使用 SKIP 命令

    C. 使用 CONTINUE 命令

    D. 使用 GO 命令

(22) 为了在报表中打印当前时间，应该插入的控件是(　　)。

    A. 文本框控件　　　　　　　　　B. 表达式

    C. 标签控件　　　　　　　　　　D. 域控件

(23) 在 Visual FoxPro 中，假设 student 表中有 40 条记录，执行下面的命令后，屏幕显示的结果是(　　)。

    ? RECCOUNT()

    A. 0　　　　　　　　　　　　　　B. 1

C. 40 D. 出错

(24) 向 student 表插入一条新记录的正确 SQL 语句是( )。

    A. APPEND INTO student VALUES ('0401', '王芳', '女', 18)

    B. APPEND student VALUES ('0401', '王芳', '女', 18)：

    C. INSERT INTO student VALUES ('0401', '王芳', '女', 18)

    D. INSERT student VALUES ('0401', '王芳', '女', 18)

(25) 在一个空的表单中添加一个选项按钮组控件，该控件可能的默认名称是
( )。

    A. Optiongroup1   B. Check1

    C. Spinner1   D. List1

(26) 恢复系统默认菜单的命令是( )。

    A. SET MENU TO DEFAULT

    B. SET SYSMENU TO DEFAULT

    C. SET SYSTEM MENU TO DEFAULT

    D. SET SYSTEM TO DEFAULT

(27) 在 Visual FoxPro 中，用于设置表单标题的属性是( )。

    A. Text   B. Title

    C. Lable   D. Caption

(28) 消除 SQL SELECT 查询结果中的重复记录，可采取的方法是( )。

    A. 通过指定主关键字   B. 通过指定唯一索引

    C. 使用 DISTINCT 短语   D. 使用 UNIQUE 短语

(29) 在设计界面时，为提供多选功能，通常使用的控件是( )。

    A. 选项按钮组   B. 一组复选框

    C. 编辑框   D. 命令按钮组

(30) 为了使表单界面中的控件不可用，需将控件的某个属性设置为假，该属性是
( )。

    A. Default   B. Enabled

    C. Use   D. Enuse

第 (31) 题至第 (35) 题使用如下三个数据库表：

学生表：student（学号，姓名，性别，出生日期，院系）

课程表：course（课程号，课程名，学时）

选课成绩表：score（学号，课程号，成绩）

其中出生日期的数据类型为日期型，学时和成绩为数值型，其他均为字符型。

(31) 查询"计算机系"学生的学号、姓名、学生所选课程的课程名和成绩，正确
的命令是( )。

    A. SELECT s. 学号，姓名，课程名，成绩

        FROM student s，score sc，course c

   WHERE s. 学号＝sc. 学号，sc. 课程号＝c. 课程号，院系＝'计算机系'

 B. SELECT 学号，姓名，课程名，成绩

  FROM student s，score sc，course c WHERE s.

  学号＝sc. 学号 AND sc. 课程号＝c. 课程号 AND 院系＝'计算机系'

 C. SELECT s. 学号，姓名，课程名，成绩

  FROM（student s JOIN score sc ON s. 学号＝sc. 学号）

  JOIN course c ON sc. 课程号＝c. 课程号

  WHERE 院系＝'计算机系'

 D. SELECT 学号，姓名，课程名，成绩

  FROM（student s JOIN score sc ON s. 学号＝sc. 学号）

  JOIN course c ON sc. 课程号＝c. 课程号

  WHERE 院系＝'计算机系'

(32) 查询所修课程成绩都大于等于 85 分的学生的学号和姓名，正确的命令是（ ）。

 A. SELECT 学号，姓名 FROM student s WHERE NOT EXISTS

  （SELECT * FROM score sc WHERE sc. 学号＝s. 学号 AND 成绩＜85）

 B. SELECT 学号，姓名 FROM student s WHERE NOT EXISTS

  （SELECT * FROM score sc WHERE sc. 学号＝s. 学号 AND 成绩＞＝85）

 C. SELECT 学号，姓名 FROM student s，score sc

  WHERE s. 学号＝sc. 学号 AND 成绩＞＝85

 D. SELECT 学号，姓名 FROM student s，score sc

  WHERE s. 学号＝sc. 学号 AND ALL 成绩＞＝85

(33) 查询选修课程在 5 门以上（含 5 门）的学生的学号、姓名和平均成绩，并按平均成绩降序排序，正确的命令是（ ）。

 A. SELECT s. 学号，姓名，平均成绩 FROM student s，score sc

  WHERE s. 学号＝sc. 学号 GROUP BY s.

  学号 HAVING COUNT（*）＞＝5 ORDER BY 平均成绩 DESC

 B. SELECT 学号，姓名，AVG（成绩）FROM student s，score sc

  WHERE s. 学号＝sc. 学号 AND COUNT（*）＞＝5

  GROUP BY 学号 ORDER BY 3 DESC

 C. SELECT s. 学号，姓名，AVG（成绩）平均成绩 FROM student s，

  score sc

  WHERE s. 学号＝sc. 学号 AND COUNT（*）＞＝5

  GROUP BY s. 学号 ORDER BY 平均成绩 DESC

 D. SELECT s. 学号，姓名，AVG（成绩）平均成绩 FROM student s，

  score sc

  WHERE s. 学号＝sc. 学号

  GROUP BY s. 学号 HAVING COUNT（*）＞＝5 ORDER BY 3 DESC

（34）查询同时选修课程号为 C1 和 C5 课程的学生的学号，正确的命令是（　　）。

    A. SELECT 学号 FROM score sc WHERE 课程号＝'C1' AND 学号 IN
      （SELECT 学号 FROM score sc WHERE 课程号＝'C5'）

    B. SELECT 学号 FROM score sc WHERE 课程号＝'C1' AND 学号＝
      （SELECT 学号 FROM score sc WHERE 课程号＝'C5'）

    C. SELECT 学号 FROM score sc WHERE 课程号＝'C1' AND 课程号＝'C5'

    D. SELECT 学号 FROM score sc WHERE 课程号＝'C1' OR 'C5'

（35）删除学号为"20091001"且课程号为"C1"的选课记录，正确命令是（　　）。

    A. DELETE FROM score WHERE 课程号＝'C1' AND 学号＝'20091001'

    B. DELETE FROM score WHERE 课程号＝'C1' OR 学号＝'2009100'

    C. DELETE FORM score WHERE 课程号＝'C1' AND 学号＝'20091001'

    D. DELETE score WHERE 课程号＝'C1' AND 学号＝'20091001'

2. 填空题（每空 2 分，共 30 分）

注意：以命令关键字填空的必须拼写完整。

（1）有序线性表能进行二分查找的前提是该线性表必须是_____存储的。

（2）一棵二叉树的中序遍历结果为 DBEAFC，前序遍历结果为 ABDECF 则后序遍历结果为_____。

（3）对软件设计的最小单位（模块或程序单元）进行的测试通常称为_____测试。

（4）实体完整性约束要求关系数据库中元组的_____属性值不能为空。

（5）在关系 A（S，SN，D）和关系 B（D，CN，NM）中，A 的主关键字是 S，B 的主关键字是 D，则称_____是关系 A 的外码。

（6）表达式 EMPTY（.NULL.）的值是_____。

（7）假设当前表、当前记录的"科目"字段值为"计算机"（字符型），在命令窗口输入如下命令将显示结果_____。

    m＝科目－"考试"

    ? m

（8）在 Visual FoxPro 中假设有查询文件 queryl.qpr，要执行该文件应使用命令_____。

（9）SQL 语句"ELECT TOP 10 PERCENT * FROM 订单 ORDER BY 金额 DESC"的查询结果是订单中金额_____的 10％的订单信息。

（10）在表单设计中，关键字_____表示当前对象所在的表单。

（11）使用 SQL 的 CREATE TABLE 语句建立数据库表时，为了说明主关键字应该使用关键词_____ KEY。

（12）在 Visual FoxPro 中，要想将日期型或日期时间型数据中的年份用 4 位数字显示，应当使用 SET CENTURY_____命令进行设置。

（13）在建立表间一对多的永久联系时，主表的索引类型必须是_____。

（14）为将一个表单定义为顶层表单，需要设置的属性是_____。

（15）在使用报表向导创建报表时，如果数据源包括父表和子表，应该选取_____报表向导。

（八）2011年9月全国计算机等级考试
二级 Visual FoxPro 笔试试卷

1. 选择题（每小题 2 分，共 70 分）

下列各题 A、B、C、D 四个选项中，只有一个选项是正确的，请选择。

（1）下列叙述中正确的是（　　）。

    A. 算法就是程序

    B. 设计算法时只需要考虑数据结构的设计

    C. 设计算法时只需要考虑结果的可靠性

    D. 以上三种说法都不对

（2）下列关于线性链表的叙述中，正确的是（　　）。

    A. 各数据结点的存储空间可以不连续，但是它们的存储顺序与逻辑顺序必须一致

    B. 各数据结点的存储顺序与逻辑顺序可以不一致，但它们的存储空间必须连续

    C. 进行插入与删除时，不需要移动表中的元素

    D. 以上三种说法都不对

（3）下列关于二叉树的叙述中，正确的是（　　）。

    A. 叶子结点总是比度为 2 的结点少一个

    B. 叶子结点总是比度为 2 的结点多一个

    C. 叶子结点数是度为 2 的结点数的两倍

    D. 度为 2 的结点数是度为 1 的结点数的两倍

（4）软件按功能可分为应用软件、系统软件和支撑软件（或工具软件）。下面属于应用软件的是（　　）。

    A. 学生成绩管理系统   B. C 语言编译程序

    C. UNIX 操作系统   D. 数据库管理系统

（5）某系统总体结构如下图所示：

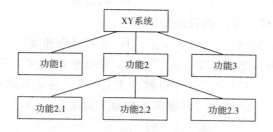

    该系统总体结构图的深度是（　　）。

    A. 7   B. 6

    C. 3   D. 2

（6）程序调试的任务是（　　）。

    A. 设计测试用例   B. 验证程序的正确性

    C. 发现程序中的错误   D. 诊断和改正程序中的错误

(7) 下列关于数据库设计的叙述中, 正确的是( )。

    A. 在需求分析阶段建立数据字典   B. 在概念设计阶段建立数据字典

    C. 在逻辑设计阶段建立数据字典   D. 在物理设计阶段建立数据字典

(8) 数据库系统的三级模式不包括( )。

    A. 概念模式   B. 内模式

    C. 外模式   D. 数据模式

(9) 有三个关系 R、S 和 T 如下:

	R				S				T	
A	B	C		A	B	C		A	B	C
a	1	2		a	1	2		c	3	1
b	2	1		b	2	1				
c	3	1								

    则由关系 R 和 S 得到的关系 T 的操作是( )。

    A. 自然连接   B. 差

    C. 交   D. 并

(10) 下列选项中属于面向对象设计方法主要特征的是( )。

    A. 继承   B. 自顶向下

    C. 模块化   D. 逐步求精

(11) 在创建数据库表结构时, 为了同时定义实体完整性, 可以通过指定( )来实现。

    A. 唯一索引   B. 主索引

    C. 复合索引   D. 普通索引

(12) 关系运算中选择某些列形成新的关系的运算是( )。

    A. 选择运算   B. 投影运算

    C. 交运算   D. 除运算

(13) 在数据库中建立索引的目的是( )。

    A. 节省存储空间   B. 提高查询速度

    C. 提高查询和更新速度   D. 提高更新速度

(14) 假设变量 a 的内容是 "计算机软件工程师", 变量 b 的内容是 "数据库管理员", 表达式的结果为 "数据库工程师" 的是( )。

    A. left (b, 6) − right (b, 6)   B. substr (b, 1, 3) − substr (a, 6, 3)

    C. A 和 B 都是   D. A 和 B 都不是

(15) SQL 查询命令的结构是 SELECT…FROM…WHERE…GROUP BY…HAVING…ORDER BY…, 其中指定查询条件的短语是( )。

    A. SELECT   B. FROM

      C. WHERE   D. ORDER BY

（16）SQL 查询命令的结构是 SELECT…FROM…WHERE…GROUP BY…HAVING…ORDER BY…，其中 HAVING 必须配合使用的短语是（   ）。

      A. FROM   B. GROUP BY

      C. WHERE   D. ORDER BY

（17）如果 SQL 查询的 SELECT 短语中使用 TOP，则应该配合使用（   ）。

      A. HAVING 短语   B. GROUP BY 短语

      C. WHERE 短语   D. ORDER BY 短语

（18）删除表 s 中字段 c 的 SQL 命令是（   ）。

      A. ALTER TABLE s DELETE c

      B. ALTER TABLE s DROP c

      C. DELETE TABLE s DELETE c

      D. DELETE TABLE s DROP c

（19）在 Visual FoxPro 中，如下描述正确的是（   ）。

      A. 对表的所有操作，都不需要使用 USE 命令先打开表

      B. 所有 SQL 命令对表的所有操作都不需要使用 USE 命令先打开表

      C. 部分 SQL 命令对表的所有操作都不需要使用 USE 命令先打开表

      D. 传统的 FoxPro 命令对表的所有操作都不需要使用 USE 命令先打开表

（20）在 Visual FoxPro 中，如果希望跳出 SCAN…ENDSCAN 循环体外执行 ENDSCAN 后面的语句，应使用（   ）。

      A. LOOP 语句   B. EXIT 语句

      C. BREAK 语句   D. RETURN 语句

（21）在 Visual FoxPro 中，为了使表具有更多的特性应该使用（   ）。

      A. 数据库表   B. 自由表

      C. 数据库表或自由表   D. 数据库表和自由表

（22）在 Visual FoxPro 中，查询设计器和视图设计器很像，如下描述正确的是（   ）。

      A. 使用查询设计器创建的是一个包含 SQL SELECT 语句的文本文件

      B. 使用视图设计器创建的是一个包含 SQL SELECT 语句的文本文件

      C. 查询和视图有相同的用途

      D. 查询和视图实际都是一个存储数据的表

（23）使用 SQL 语句将表 s 中字段 price 的值大于 30 的记录删除，正确的命令是（   ）。

      A. DELETE FROM s FOR price＞30

      B. DELETE FROM s WHERE price＞30

      C. DELETE s FOR price＞30

      D. DELETE s WHERE price＞30

（24）在 Visual FoxPro 中，使用 SEEK 命令查找匹配的记录，当查找到匹配的第

一条记录后，如果还需要查找下一条匹配的记录吗，通常使用命令（　　）。

A. GOTO　　　　　　　　　　B. SKIP

C. CONTINUE　　　　　　　　D. GO

(25) 假设表 s 中有 10 条记录，其中字段 b 小于 20 的记录有 3 条，大于等于 20、
并且小于等于 30 的记录有 3 条，大于 30 的记录有 4 条。执行下面的程序后，
屏幕显示的结果是（　　）。

SET DELETE ON

DELETE FORM s WHERE b BETWEEN 20 AND 30

? RECCOUNT()

A. 10　　　　　　　　　　　　B. 7

C. 0　　　　　　　　　　　　　D. 3

(26) 正确的 SQL 插入命令的语法格式是（　　）。

A. INSERT IN …VALUES…　　　B. INSERT TO …VALUES…

C. INSERT INTO …VALUES…　　D. INSERT …VALUES…

(27) 建立表单的命令是（　　）。

A. CREATE FORM　　　　　　B. CREATE TABLE

C. NEW FORM　　　　　　　　D. NEW TABLE

(28) 假设某个表单中有一个复选框（CheckBox1）和一个命令按钮 Command1，
如果要在 Command1 的 Click 事件代码中取得复选框的值，可判断该复选框
是否被用户选择，正确的表达式是（　　）。

A. This. CheckBox1. Value　　　B. ThisForm. CheckBox1. Value

C. This. CheckBox1. Selected　　D. ThisForm. CheckBox1. Selected

(29) 为了使命令按钮在界面运行时显示"运行"，需要设置该命令按钮的属性是
（　　）。

A. Text　　　　　　　　　　　B. Title

C. Display　　　　　　　　　　D. Caption

(30) 在 Visual FoxPro 中，如果在表之间的联系中设置了参照完整性规则，并在
删除规则中选择了"级联"，当删除父表中的记录，其结果是（　　）。

A. 只删除父表中的记录，不影响子表

B. 任何时候都拒绝删除父表中的记录

C. 在删除父表中记录的同时自动删除子表中的所有参照记录

D. 若子表中有参照记录，则禁止删除父表中的记录

(31) SQL 语句中，能够判断"订购日期"字段是否为空值的表达式是（　　）。

A. 订购日期＝NULL　　　　　　B. 订购日期＝EMPTY

C. 订购日期 IS NULL　　　　　　D. 订购日期 IS EMPTY

第（32）题至第（35）题使用如下 3 个表：

商店（商店号，商店名，区域名，经理姓名）

商品（商品号，商品名，单价）

销售（商店号，商品号，销售日期，销售数量）

(32) 查询在"北京"和"上海"区域的商店信息的正确命令是（　　）。

    A. SELECT * FROM 商店 WHERE 区域名='北京' AND 区域名='上海'

    B. SELECT * FROM 商店 WHERE 区域名='北京' OR 区域名='上海'

    C. SELECT * FROM 商店 WHERE 区域名='北京' AND '上海'

    D. SELECT * FROM 商店 WHERE 区域名='北京' OR '上海'

(33) 查询单价最高的商品销售情况，查询结果包括商品号、商品名、销售日期、销售数量和销售金额。正确命令是（　　）。

    A. SELECT 商品.商品号，商品名，销售日期，销售数量，销售数量 * 单价 AS 销售金额 FORM 商品 JOIN 销售 ON 商品.商品号＝销售.商品号 WHERE 单价＝（SELECT MAX（单价）FORM 商品）

    B. SELECT 商品.商品号，商品名，销售日期，销售数量，销售数量 * 单价 AS 销售金额 FORM 商品 JOIN 销售 ON 商品.商品号＝销售.商品号 WHERE 单价＝ MAX（单价）

    C. SELECT 商品.商品号，商品名，销售日期，销售数量，销售数量 * 单价 AS 销售金额 FORM 商品 JOIN 销售 WHERE 单价＝（SELECT MAX（单价）FORM 商品）

    D. SELECT 商品.商品号，商品名，销售日期，销售数量，销售数量 * 单价 AS 销售金额 FORM 商品 JOIN 销售 WHERE 单价＝ MAX（单价）

(34) 查询商品单价在 10 到 50 之间，并且日销售数量最高于 20 的商品名、单价、销售日期和销售数量，查询结果按单价降序。正确命令是（　　）。

    A. SELCET 商品名，单价，销售日期，销售数量 FROM 商品 JOIN 销售 WHERE（单价 BETWEEN 10 AND 50）AND 销售数量＞20 ORDER BY 单价 DESC

    B. SELCET 商品名，单价，销售日期，销售数量 FROM 商品 JOIN 销售 WHERE（单价 BETWEEN 10 AND 50）AND 销售数量＞20 ORDER BY 单价

    C. SELECT 商品名，单价，销售日期，销售数量 FROM 商品，销售 WHERE（单价 BETWEEN 10 AND 50）AND 销售数量＞20 ON 商品.商品号＝销售.商品号 ORDER BY 单价

    D. SELECT 商品名，单价，销售日期，销售数量 FROM 商品，销售 WHERE（单价 BETWEEN 10 AND 50）AND 销售数量＞20 AND 商品.商品号＝销售.商品号 ORDER BY 单价 DESC

(35) 查询销售金额合计超过 20000 的商店，查询结果包括商店名和销售金额合计。正确命令是（　　）。

    A. SELECT 商店名，SUM（销售数量 * 单价）AS 销售金额合计 FROM 商店，商品，销售 WHERE 销售金额合计 20000

  B. SELECT 商店名，SUM（销售数量＊单价）AS 销售金额合计＞20000

    FROM 商店，商品，销售 WHERE 商品．

    商品号＝销售．商品号 AND 商店．商店号＝销售．商店号

  C. SELECT 商店名，SUM（销售数量＊单价）AS 销售金额合计

    FROM 商店，商品，销售 WHERE 商品．

    商品号＝销售．商品号 AND 商店．商店号＝销售．商店号

    AND SUM（销售数量＊单价）＞20000 GROUP BY 商店名

  D. SELECT 商店名，SUM（销售数量＊单价）AS 销售金额合计

    FROM 商店，商品，销售 WHERE 商品．

    商品号＝销售．商品号 AND 商店．商店号＝销售．商店号

    GROUP BY 商店名 HAVING SUM（销售数量＊单价）＞20000

2. 填空题（每空 2 分，共 30 分）

注意：以命令关键字填空的必须拼写完整。

（1）数据结构分为线性结构与非线性结构，带链的栈属于_____。

（2）在长度为 n 的顺序存储的线性表中插入一个元素，最坏情况下需要移动表中_____个元素。

（3）常见的软件开发方法有结构化方法和面向对象方法。对某应用系统经过需求分析建立数据流图（DFD），则应采用_____方法。

（4）数据库系统的核心是_____。

（5）在进行关系数据库的逻辑设计时，E-R 图中的属性常被转换为关系中的属性，联系通常被转换为_____。

（6）为了使日期的年份显示 4 位数字应该使用 SET CENTURY _____命令进行设置。

（7）在 Visual FoxPro 中可以使用命令 DIMENSION 或_____说明数组变量。

（8）在 Visual FoxPro 中表达式（1＋2＾（1＋2））／（2＋2）的运算结果是_____。

（9）如下程序的运行结果是_____。

```
CLEAR
STORE 100 TO x1,x2
SETUDFPARMS TO VAL
DO p4 WHTH x1,(x2)
? x1,x2
＊过程 p4
PROCEDURE P4
PARAMETERS x1,x2
STORE x1 + 1 TO x1
STORE x2 + 1 TO x2
ENDPROC
```

（10）在 Visual FoxPro 中运行表单的命令是_____。

（11）为了使表单在运行时居中显示，应该将其_____属性设置为逻辑真。

（12）为了在表单运行时能够输入密码应该使用_____控件。

（13）菜单定义文件的扩展名是 .mnx，菜单程序文件的扩展名是_____。

（14）在 Visual FoxPro 中创建快速报表时，基本带区包括页标头、细节和_____。

（15）在 Visual FoxPro 中建立表单应用程序环境时，显示出初始的用户界面之后，需要建立一个事件循环来等待用户的交互动作，完成该功能的命令是_____，该命令使 Visual FoxPro 开始处理诸如单击鼠标、键盘输入等用户事件。

全国计算机等级考试二级 Visual FoxPro
笔试真题参考答案

(一) 2008 年 4 月笔试试卷参考答案

1. 选择题

(1)～(5) CABBA　　(6)～(10) DBCDC　　(11)～(15) DDBDD

(16)～(20) BBABA　　(21)～(25) CBACC　　(26)～(30) CDBAC

(31)～(35) CDCDA

2. 填空题

(1) 输出

(2) 16

(3) 24

(4) 关系

(5) 数据定义语言

(6) 不能

(7) DISTINCT

(8) LIKE

(9) 数据库管理系统

(10) Primary Key

(11) AGE IS NULL

(12) . T.

(13) DO mymenu. mpr

(14) LOCAL

(15) PACK

(二) 2008 年 9 月笔试试卷参考答案

1. 选择题

(1)～(5) BDCAD　　(6)～(10) BABCD　　(11)～(15) DACAD

(16)～(20) BBDBC　　(21)～(25) AABCA　　(26)～(30) DACBC

(31)～(35) BDAAC

2. 填空题

(1) DBXEAYFZC

(2) 单元

(3) 过程

(4) 逻辑设计

(5) 分量

(6) TO

(7) "1234"

(8) 全部

(9) INTO CURSOR

(10) 主

(11) 视图

(12) 零　多

(13) PASSWORDCHAR

(14) 排除

（三）2009 年 3 月笔试试卷参考答案

1. 选择题

(1)～(5) DACDC　　(6)～(10) ABABC　　(11)～(15) ADBBC

(16)～(20) DABBC　　(21)～(25) BBADB　　(26)～(30) AAACD

(31)～(35) CAACD

2. 填空题

(1) 20

(2) 白盒

(3) 顺序结构

(4) 数据库管理系统

(5) 菱形

(6) 数据库

(7) 日期时间型（T）

(8) primary key

(9) . prg

(10) 联接

(11) . T.

(12) replace all

(13) 数据库系统

(14) Having

(15) AVG（成绩）

（四）2009 年 9 月笔试试卷参考答案

1. 选择题

(1)～(5) CBDAB　　(6)～(10) ACBCD　　(11)～(15) ADABD

(16)～(20) ACDBD　　(21)～(25) DDBAB　　(26)～(30) DCDBC

(31)～(35) ADCAD

2. 填空题

(1) 14

(2) 逻辑判断

(3) 需求分析

(4) 多对多

(5) 身份证号

(6) . F.

(7) 选择

(8) {^2009－03－03} 或 {^2009)

03) 03} 或 {^2009/03/03}

(9) 忽略

(10) DROP VIEW MYVIEW

(11) GROUP BY

(12) 自由表

(13) ENABLED

(14) ALTER，SET CHECK

（五）2010 年 3 月笔试试卷参考答案

1. 选择题

(1)～(5) ADBAC　　(6)～(10) BADAA　　(11)～(15) DADDD

(16)～(20) BBBCC　　(21)～(25) BCBDB　　(26)～(30) CADBB

(31)～(35) CADBD

2. 填空题

(1) A，B，C，D，E，5，4，3，2，1

(2) 15

(3) EDBGHFCA

(4) 程序

(5) 课号

(6) 实体

(7) do queryone qpr

(8) EMP（或 EMP.fpt）

(9) 域

(10) 多对一

(11) 关系（或二维表）

(12) COUNT（）

(13) DISTINCT

(14) CHECK

(15) HAVING

（六）2010 年 9 月笔试试卷参考答案

1. 选择题

(1)～(5) BCDAA   (6)～(10) DDCCA   (11)～(15) ACDBC

(16)～(20) DCACD   (21)～(25) CABAC   (26)～(30) DCBBC

(31)～(35) ACDBC

2. 填空题

(1) 1DCBA2345

(2) $n-1$

(3) 25

(4) 结构化

(5) 物理设计

(6) 物理

(7) 逻辑型

(8) A 不大于 B

(9) 插入

(10) inputMask

(11) HAVING

(12) Preview

(13) Left（学号，4）或 substr

　　（学号，1，4），into

(14) alter 学号 C（12）

（七）2011 年 3 月笔试试卷参考答案

1. 选择题

(1)～(5) ABDDB   (6)～(10) ACDCB   (11)～(15) BADAA

(16)～(20) BCCCB   (21)～(25) CDCCA   (26)～(30) BDCBB

(31)～(35) CADAA

2. 填空题

(1) 顺序

(2) DEBFCA

(3) 单元

(4) 主键

(5) D

(6) .F.

(7) 计算机考试

(8) do query1.qpr

(9) 最高

(10) thisform

(11) thisform

(12) on

(13) 主索引

(14) ShowWindow

(15) 一对多

（八）2011 年 9 月笔试试卷参考答案

1. 选择题：

(1)～(5) DCBAC　　(6)～(10) DCDBA　　(11)～(15) BBBAC

(16)～(20) BDBBB　　(21)～(25) AABBA　　(26)～(30) CABDC

(31)～(35) CBADD

2. 填空题

(1) 线性结构

(2) n

(3) 结构化

(4) 数据库管理系统

(5) 关系

(6) on

(7) Declare

(8) 2.25

(9) 101 100

(10) do form

(11) AutoCenter

(12) 文本框

(13) .mpr

(14) 页注脚

(15) read event

第五部分
附　录

附录一　Visual FoxPro 常用文件类型一览表

文件类型	扩展名	说　明
生成的应用程序	.app	可在 Visual FoxPro 环境下，用 do 命令运行该类文件
可执行程序	.exe	可在非 Visual FoxPro 环境下独立运行
复合索引	.cdx	结构化复合索引文件
数据库	.dbc	存储有关该数据库的全部信息（含和它关联的文件名和对象名）
数据库备注	.dct	存储相应 .dbc 文件的相关信息
表	.dbf	存储表结构及记录
内存变量	.mem	存储已经定义的内存变量，需要时可从其中释放出来
程序	.Prg	即命令文件，存储用 Visual FoxPro 语言编写的程序
编译后的程序	.fxp	对进行编译后产生的文件
文本	.txt	用于提供给 Visual FoxPro 与其他应用程序进行数据交换
单索引	.idx	仅含单个索引的索引文件
菜单	.mnx	存储菜单的格式
菜单备注	.mnt	存储相应 .mnx 文件的相关信息
菜单程序	.mpr	根据菜单格式文件而生成的程序文件
编译后的菜单程序	.mpx	编译后的菜单程序文件
查询程序	.qpr	存储通过查询设计器设置的条件和输出要求
编译后的查询程序	.qpx	对 .qpx 编译后产生的文件
表单	.scx	存储表单格式文件
表单备注	.sct	存储相应 .scx 文件的相关信息
项目	.pjx	实现对项目中各类文件的组织
项目备注	.pjt	存储相应 .pjx 文件的相关信息
报表	.frx	存储报表设计的格式定义
报表备注	.frt	存储相应 .frx 文件的相关信息
标签	.lbx	存储标签格式文件
标签备注	.lbt	存储相应 .lbx 文件的相关信息
可视类库	.vcx	存储类的定义

附录二　Visual FoxPro 常用命令一览表

命　　令	功　　能
& &	命令行注释的开始
*	程序中注释行的开始
? 1 ??	计算表达式的值，并在下行（或本行）
ACCEPT	接受从键盘上输入的字符串
APPEND	在表的尾部追加一条或多条记录
APPEND FROM	将指定表中的记录追加到当前表的尾部
APPEND FROM ARRAY	将数组的行作为记录追加到当前表的尾部
AVERAGE	计算数值型表达式或字段的平均值
BROW	打开浏览窗口进行表的浏览
CD	设置默认目录
CLEAR	清理屏幕或从清除内存变量
CLOSE	关闭有关文件
COPY FILE	拷贝任意类型文件
COPY TO	拷贝当前表中的记录到指定的表中
COPY TO ARRAY	将当前表中的记录拷贝到指定的数组中
COUNT	计算表中记录的数量
CREAT	创建一个新表的结构
CREAT FORM	打开表单设计器，创建表单
CREAT MENU	打开菜单设计器，创建菜单
CREAT PROJECT	打开项目设计器，创建项目
CREAT QUERY	打开查询设计器，创建查询

命　令	功　能
CREAT LABEL	打开标签设计器，创建标签
CREAT REPORT	打开报表设计器，创建报表
CREAT VIEW	打开视图设计器，创建视图
DECLARE	创建一维或二维数组
DELETE VIEW	从当前数据库中删除一个 SQL 视图
DIMENSION	创建一维或二维数组
DISPLAY	显示当前表的信息
DISPLAY MEMORY	显示内存变量内容值
DO	执行 Visual FoxPro 的程序或过程
DOCASE…ENDCASE	多项选择命令，执行第一组条件表达式为"真"的命令
DO FORM	运行表单
DO WHILE…ENDDO	循环命令，在符合条件时执行一组命令
ERASE	删除指定的文件
EXIT	无条件退出循环
FIND	查找符合条件的记录
FOR…ENDFOR	按指定的次数执行一段命令
GATHER FROM ARRAY	指定一个数组，用其值替换当前记录中的数据
GO｜GOTO	将指针移动到指定记录号的记录
IF…ENDIF	条件判断语句，满足条件时执行指定命令
INPUT	接受从键盘输入的数据，并保存在内存变量中
INSERT	在表中指定记录前插入新记录
LIST	显示表中记录内容或相关的环境信息
LIST MEMORY	显示内存变量值

（续表）

命　令	功　能
LOCAL	创建局部变量
MODI COMM	创建或修改一个命令文件
MODI DATABASE	打开数据库设计器，新建或修改一个数据库文件
MODI FORM	打开表单设计器，新建或修改表单文件
MODI LABEL	打开标签设计器，新建或修改标签文件
MODI MENU	打开菜单设计器，新建或修改菜单文件
MODI PROJECT	打开项目管理器，新建或修改项目文件
MODI QUERY	打开查询设计器，新建或修改查询文件
MODI REPORT	打开报表设计器，新建或修改报表文件
MODI STRUCTURE	打开表设计器，修改表文件结构
MODI VIEW	打开视图设计器，修改视图
PACK	永久删除当前表中已有删除标记的记录
PRIVATE	自动隐含建立的变量都是私有变量
PUBLIC	定义全局变量或数组
QUIT	退出 Visual FoxPro 系统
RENAME	将指定的文件名更改为新文件名
REPLACE	更新当前表中记录的字段值
REPORT FORM	浏览或打印报表
RETURN	将程序控制返回给调用程序
SAVE TO	将内存变量保存到指定的内存变量文件中
RESTOR FROM	将内存变量文件中的变量值释放出来
SCAN…ENDSCAN	表指针遍历当前表，并对满足指定条件的记录进行处理
SCATTER	将表中当前记录的数据拷贝到数组中

（续表）

命　令	功　能
SEEK	在当前表中查找首次出现、索引关键字与给定值相匹配的记录
SELECT	激活指定工作区
SKIP	使记录指针在表中向前或向后移动
SORT	将表按要求进行排序，并将结果输出到一个新表
SUM	进行指定数值字段的求和
TOTAL	计算当前表中数值字段的总和
USE	打开表及其相关索引文件，或打开视图或关闭所有表
ZAP	清除当前表中全部记录、但保留表结构
WITH …ENDW1TH	给对象指定多个属性
WAIT	显示信息并暂停程序的运行，等待键入任意键

附录三 Visual FoxPro 常用函数一览表

附录中使用的函数参数遵循如下约定：nExpression 表示参数为数值表达式；cExpression 为字符串表达式；lExpression 为逻辑表达式。

函　　数	功　　能
ALLTRIM（cExpression）	删除指定字符表达式的前后空格符
ASC（cExpression）	取表达式中最左边的 ASCII 的码值
AT（cExpression 1，cExpression2）	求第 1 个字串在第 2 个字串中的起始位置
LEFT（cExpression，nExpression）	从字符串最左边开始，返回指定数目的字符
LEN（cExpression）	计算字符串的数目
LIKE（cExpression1，cExpression2）	确定表达式 1 是否与表达式 2 相匹配
LOWER（cExpression）	将字符串中的字母转为小写字母
LTRIM（cExpression）	删除字符左边的空格
RIGHT（cExpressio，nCharacters）	从字符串最右边开始，返回指定数目的字符
RTRIM（cExpression）	删除字符右边的空格
SPACE（nExpression）	返回由指定数目空格构成的字符串
SUBSTR（cExpression，nStartposition［，nCharactersReturned］）	从给定的字符中取回指定的子字串
TRIM（cExpression）	删除字符串尾部空格
TYPE（cExpression）	返回表达式的数据类型
UPPER（cExpression）	将字符串中的字母转为大写字母
CTOD（cExpression）	将字符表达式转换成日期表达式
VARTYPE（eExpression）	返回表达式的数据类型
DATE（）	返回系统当前日期
DAY（dExpression）	以数值型返回给定日期中某月的第几天
DTOC（dExpression）	将日期型表达式转换为字符型
MONTH（dExpression）	返回日期表达式中的月份
YEAR（dExpression）	返回日期表达式中的年份
ABS（nExpression）	返回数值表达式的绝对值
INT（nExpression）	取表达式的整数部分
MOD（nDividend，nDivisor）	取前一参数（被除数）除以后一参数（除数）的余数

函　　数	功　　能
ROUND（nExpression，nDecimalPlaces）	返回（四舍五入）到指定小数位数的表达式
SQRT（nExpression）	求表达式的平方根
VAL（cExpression）	将字符串转为数字值
BOF（）	确定当前记录指针是否在表头
EOF（）	确定当前记录指针是否超出表最后记录
EMPTY（eExpression）	确定表达式是否为空
FOUND（）	若查找（定位）命令成功，函数返回 . T.
RECCOUNTO	返回当前表的记录数目
RECNO（）	返回表中当前记录号
IIF（lExpression，eExpressionl，eExpression2）	根据逻辑表达式的值，返回两个值中的某一个
ISNULL（eExpression）	若表达式的结果为 NULL 值，则返回 . T.
STR（nExpression［，nLength［，nDecimalPlaces］］）	数字型转换成字符型